能力向上教育用テキスト

有機溶剤作業主任者の実務

中央労働災害防止協会

序

　有機溶剤は，他の物質を溶かす性質を持つために，洗浄，塗装，印刷など産業界
では幅広く使われている化学物質ですが，その有用性の反面，取扱いを誤ると作業
をする人々に健康障害を及ぼすことも少なくありません。有機溶剤を使用する際に
は，健康障害を未然に防止するために，有機溶剤中毒予防規則（有機則）などに定
められた事項を守るとともに，有機溶剤業務に従事する人々が，その特性や毒性を
認識し，中毒の予防対策を正しく理解し，これを実践することが大切であり，この
ために有機溶剤作業主任者の果たす役割は大変重要です。

　また，平成 24 年〜平成 26 年の特定化学物質障害予防規則（特化則）の改正，平
成 26 年の有機則の改正に伴い，エチルベンゼンおよび 1,2 ―ジクロロプロパンと，
それまで有機則で規制されていたクロロホルムほか 9 物質を合わせた合計 12 物質
が，特定化学物質第 2 類物質の特別有機溶剤と位置づけられ，特別有機溶剤業務に
ついては，有機溶剤作業主任者技能講習の修了者の中から特定化学物質作業主任者
を選任する等の対応が必要となっています。

　令和 4 年には労働安全衛生規則や有機則などの労働安全衛生関係法令が改正さ
れ，リスクアセスメントの実施が義務づけられている危険・有害物質について，リ
スクアセスメントの結果に基づき事業者自ら選択した対策を実施する制度（化学物
質の自律的な管理）が導入され，令和 6 年 4 月 1 日までにすべての改正条項が施行
されました。

　技術の進歩等に伴い，職場における有機溶剤の取扱い方等も変化していくため，
国（厚生労働省）は事業者に能力向上教育を実施するよう定め，能力向上教育に関
する指針（能力向上教育指針，平成元年 5 月）を公表しています。有機溶剤作業主任
者等の労働災害防止のための業務に従事する人々におかれては新たな知識や技能を
身につけるようにする必要があります。

　このテキストは，能力向上教育指針を受けて，有機溶剤作業主任者および特別有
機溶剤にかかる特定化学物質作業主任者の能力向上教育を実施する際のテキストと
して利用されるように作成したもので，有機溶剤業務に関する労働衛生管理につい
てわかりやすく解説しています。

　本テキストが，作業主任者をはじめとして，広く活用され，有機溶剤による健康
障害の防止に役立てば幸いです。

　令和 6 年 7 月

中央労働災害防止協会

有機溶剤作業主任者能力向上教育（定期又は随時）カリキュラム

科　目	範　囲	時間
1　作業環境管理	(1)　作業環境管理の進め方 (2)　作業環境測定，評価及びその結果に基づく措置 (3)　局所排気装置等の設置及びその維持管理	2.0
2　作業管理	(1)　作業管理の進め方 (2)　労働衛生保護具	2.0
3　健康管理	(1)　有機溶剤中毒の症状 (2)　健康診断及び事後措置	1.0
4　事例研究及び関係法令	(1)　作業標準等の作成 (2)　災害事例とその防止対策 (3)　有機溶剤業務に係る労働衛生関係法令	2.0
計		7.0

労働災害の防止のための業務に従事する者に対する能力向上教育に関する指針（平成元年5月22日　能力向上教育指針公示第1号。最終改正　平成18年3月31日　能力向上教育指針公示第5号）より

目　　次

第1章

有機溶剤の健康影響と労働衛生管理の必要性

この章で学ぶ主な事項
□有機溶剤中毒の症状の特徴
□有機溶剤の皮膚吸収への対策
□有機溶剤の影響を受ける臓器

1　有機溶剤の有害性・症状

　有機溶剤は，主として蒸気を含有する空気を呼吸することによって気道を通して体内へ侵入するが，有機溶剤への接触により皮膚を通して体内に吸収されることもある。

　有機溶剤は脂肪を溶かす性質があり，体内に入った溶剤は，肝臓や神経のように脂肪をたくさん含む臓器などに集中する。体外への排出としては，肝臓や腎臓でできた代謝産物が尿中に排出される。なかには，吸収したときの形のままで尿や呼気に直接排泄されるものもある（図 1—1 参照）。

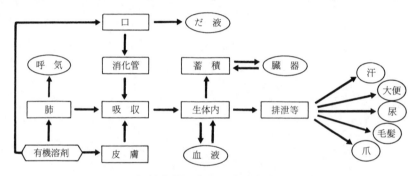

図 1—1　化学物質の吸収，蓄積，排泄等の経路

　有機溶剤へのばく露の程度は，ばく露された濃度と時間によって変化する。濃度が低くてもばく露時間が長ければ，健康への影響が懸念される。

　さらに，有機溶剤の刺激に対する慣れの現象があり最初は臭気を強く感じても慣れるに従って臭いを感じなくなるので，五感だけを過信することは禁物である。

　ばく露されたときの濃度などによって，急性中毒（急性影響）が起こったり，また，慢性中毒（慢性影響）が起こる。

　急性中毒は一時の高濃度で多量の溶剤を吸収したときに発生しやすい。

　ほとんどの有機溶剤は，刺激作用や麻酔作用をもっている。そのため中毒になると酒に酔った気分になったり，眼やのどの粘膜が刺激されたり，皮膚がかぶれたりする。大量に吸入すると脳神経が強くおかされて，薬物中毒者のような状態になる。

　しかし，比較的軽い急性中毒では，すぐ新鮮な空気の所へ出るなど，手当の方法さえよければ回復も早く，その後の経過も悪くはならない場合が多い。

　ただし，低い濃度でも長期間反復してばく露していると，その影響が出てくる場合もある。

　造血機能が障害を受けて貧血症状が認められたり，中枢神経，末梢神経や自立神経に影響するような溶剤もある。神経系が強い影響を受けると握力低下，脱力感，知覚異常等の症状が現れる。また，末梢神経炎，運動機能障害，筋萎縮が起こることもある。

　さらに，有機溶剤では，肝臓や腎臓に強く影響したり，メチルアルコールのように視神経がおかされて，重い場合は失明することもある。

　このように有機溶剤の健康への影響の現れ方は複雑であり，有機溶剤が単独か混合しているか等によっても差がある場合がある。一般的には成人よりも成長期の人の方が影響を受けやすいことなど，いろいろな条件がからみあって症状が発生する。

留意事項

　①　有機溶剤の有害性は目で見ただけで判断できるものではない。そのために，職場巡視をしても知識がないと危険を予知できない場合が多い。職場巡視の決

め手は，適切なチェックリストである。チェック項目が巡視の目的を達成でき
るように作成されていなければならない。

②　食物は，体内に入ると最終的には大部分が炭酸ガスと水とに分解されてしま
　う。しかし有機溶剤のなかには，代謝されて炭酸ガスや水にまでは分解されな
　いものがある。

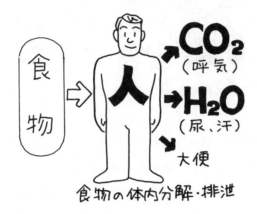

食物の体内分解・排泄

そのような化学物質が体内で反応して造血機能を阻害したり，神経を破壊したり
するようになる。その反応が急激に起こるのが急性中毒であり，長期間のばく露で
健康障害が現れるのが慢性中毒である。

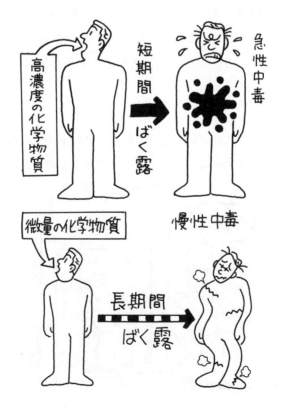

　慢性中毒によっていったん悪くなった内臓機能の回復は，容易ではない。また，慢性中毒には，特別有機溶剤による発がんもある。

　したがって，対策の基本として，たとえ微量であってもばく露しない努力を続けることが必要である。

≪質問事項≫

1　あなたは作業中酔ったような気分になったことがありますか？

2　有機溶剤はどんな経路で体内に入るか知っていますか？

3　有機溶剤が体内に入るとどんな影響が現れるか知っていますか？

2　有機溶剤の皮膚吸収

　人間の皮膚は，外界の異物の侵入を防ぐ脂質的障壁であるといわれてはいるが，有機溶剤の侵入を防ぐうえでは完全なものではない。四塩化炭素（特別有機溶剤※）は，皮膚から吸収されただけで，肝機能障害を起こす場合もある。皮膚に生えている毛の根元や汗腺から体内へ侵入することもあるが，大部分は，皮膚そのものすなわち表皮細胞を通過して侵入する。

　表皮細胞を通過した有機溶剤は，もっと緻密度の低い真皮を通過し，血流やリンパ系に移行して全身に循環する。したがって皮膚表面に傷があると極端に吸収されやすくなる。

　その皮膚吸収の速度は，溶剤によって異なっている。さらに混合溶剤になると単独の場合よりも速いものがあり，メタノールとの混合によって極端に吸収速度が速くなるものもある。

　したがって，これらの高濃度の混合溶剤蒸気にばく露したときや溶剤が衣服に大量に付着した場合には，頭痛がしたり，めまいがしたり，疲労，平衡感覚障害などが起こるおそれがある。対策は，手早く衣服を脱がせ，シャワーを浴びさせ石鹸水で体表面の有機溶剤を一刻も早く除去することであり，このような対策を行わなければ麻酔状態に陥り，意識を喪失するようなこともある。

≪質問事項≫

1　経皮吸収は，どのようなルートを通るのでしょうか？

2　皮膚に有機溶剤が付着したときは，どのような応急措置が大切ですか？

3　有機溶剤と標的臓器

　有機溶剤の影響を受ける臓器は，有機溶剤の種類によって決まっている。その臓器のことを標的臓器と呼ぶ。標的臓器の性質が有機溶剤の特徴と一致するものが影響を受けやすい。

　例えば，肝臓の場合は，脂肪分が多いことから塩素系有機溶剤に最も影響を受けやすく，次いでアルコール類である。神経感覚器の系統では，脂肪族の溶剤が最も反応しやすい。すなわち，影響されやすいということになる。

　混合溶剤の場合には，このようにいくつもの標的臓器があるために，中毒症状も複雑になる。

　※「特別有機溶剤」：特定化学物質障害予防規則（特化則）で規制される特化物（第2類・特別管理物質）で，エチルベンゼン，クロロホルム，四塩化炭素，1,4-ジオキサン，1,2-ジクロロエタン（別名二塩化エチレン），1,2-ジクロロプロパン，ジクロロメタン（別名二塩化メチレン），スチレン，1,1,2,2-テトラクロロエタン，テトラクロロエチレン（別名パークロルエチレン），トリクロロエチレンおよびメチルイソブチルケトンの12物質。
　　1,2-ジクロロプロパンとエチルベンゼンを除く特別有機溶剤は，従来有機溶剤中毒予防規則（有機則）で規制されていたが，平成26年の政省令改正で特化則により規制されることとなった。
　　特別有機溶剤にかかる業務（特別有機溶剤業務）については，有機溶剤作業主任者技能講習を修了した者から，特定化学物質作業主任者を選任することとされている。また，特別有機溶剤の含有量により，特化則のほか，有機則も一部適用となる。（第6章参照）

4　個体差と発症までの期間

　有機溶剤は，よいと感じる臭いのものも多いために有害性に対して気が緩みがちである。したがって作業中のばく露は，意識していないと無関心になりやすいが，このことはきわめて危険である。また，各個人の感受性の間には差がある。

　有害な有機溶剤蒸気に毎日，長期にばく露し続けていると，体内の臓器がおかされ，長い期間に徐々に機能の低下を起こす。やがて自覚的にまたは他覚的に症状がみられるようになる。この状況は，どんなに固い石でも雨だれによって穴が開くのとよく似ている。

留意事項

　有機溶剤に対する個体差のために，ばく露開始から発症までの期間には差がある場合が多い。

　各種の有機溶剤は，それぞれに種々の臓器に特有な有害性を示す。

```
≪質問事項≫
 1  有害物に対抗する力は，誰もが同じなのでしょうか？
 2  有機溶剤にばく露すると，どのような症状が現れるでしょうか？
```

第2章

作業環境管理

この章で学ぶ主な事項

□有機溶剤の特性

□有機溶剤中毒を防ぐための作業環境管理
　の進め方

□職場改善のための作業環境測定の実施,
　評価, その結果に基づく措置

□局所排気装置等の設置により有機溶剤中
　毒を防ぐ方法

□局所排気装置等の維持管理のための点検
　の方法

1　作業環境管理の進め方

　職場には労働者の健康に影響を及ぼす物理的，化学的，生物的因子がしばしば存在している。有機溶剤を取り扱う職場では，有機溶剤のばく露により健康障害を起こすことがある。その原因を調査し，職場の作業環境を改善して原因を取り除いていこうとするのが作業環境管理である。

　有機溶剤を取り扱う職場の作業環境管理を進めて行くうえで，有機溶剤作業主任者や特別有機溶剤にかかる特定化学物質作業主任者の果たす役割は大きい。以下の事項に留意して作業環境管理を進めていく必要がある。

(1)　有機溶剤の蒸発

　有機溶剤は，油脂，樹脂，合成樹脂，ゴム，繊維素のような水に溶けない物質を溶解し，かつ，適度な揮発性を持っていることから，きわめて有用な素材として各種の工業分野で広く使用されている。

　一方，有機溶剤がもつこれらの特性は，有機溶剤業務（特別有機溶剤業務を含む）に従事する作業者に健康障害を及ぼす原因となっている。すなわち，脂質を溶かす性質は，作業者の皮膚からも容易に体内に侵入し，脳，神経等に障害を与えることを意味し，また，揮発性の高い溶剤ほど急激に作業環境中の濃度を高めることにつながる。これらの蒸気は，吸入されることによって，肺胞壁から毛細血管へ侵入し，中毒を起こす。

　なお，このほか塩素系有機溶剤を除いて一般に引火性があり，しばしば火災，爆発等の事故の原因となる。

　これらを防止するためには，作業者一人ひとりが自分が使用している有機溶剤はどんなものか，どんな危険性があるのかといった知識を持つこと，および有機溶剤へのばく露をできるだけ少なくするような作業方法をとることが重要である。このため，事業者は，有機溶剤業務に労働者を従事させようとするときは，作業主任者を選任し（有機溶剤中毒予防規則（有機則）第19条，特別有機溶剤業務については（以下，㊡），特定化学物質障害予防規則（特化則）第27条），作業方法の決定等の職務を行わせることを義務づけている。また作業場への有害物に関する掲示については，

掲示すべき事項等が，作業に従事するすべての者が容易に視認できる方法であることとし，掲示の方法を限定しない（有機則第24条，第25条）（図2―1参照）。

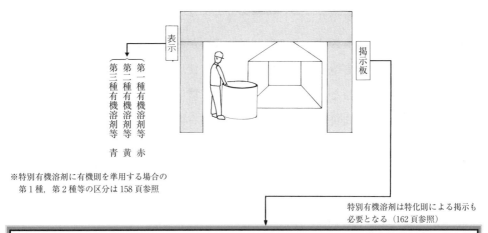

表示

掲示板

第三種有機溶剤等　青
第二種有機溶剤等　黄
第一種有機溶剤等　赤

※特別有機溶剤に有機則を準用する場合の
　第1種，第2種等の区分は158頁参照

特別有機溶剤は特化則による掲示も
必要となる（162頁参照）

作成日2024年7月1日

有機溶剤（アセトン）使用上の注意

1. 有機溶剤により生ずるおそれのある疾病の種類及びその症状
   (1) 生ずるおそれのある疾病の種類
       中枢神経系障害，呼吸器障害，消化管障害
   (2) その症状
       頭痛，めまい，嘔吐等の自覚症状，または中枢神経系抑制
2. 有機溶剤等の取扱い上の注意事項
   ① 有機溶剤等を入れた容器で使用中でないものには，必ずふたをすること。
   ② 当日の作業に直接必要のある量以外の有機溶剤等を作業場内へ持ち込まないこと。
   ③ できるだけ風上で作業を行い，有機溶剤の蒸気の吸入をさけること。
   ④ できるだけ有機溶剤等を皮膚にふれないようにすること。
3. 有機溶剤による中毒が発生した時の応急措置
   ① 中毒の症状がある者を直ちに通風のよい場所に移し，速やかに，衛生管理者その他の衛生管理を担当する者に連絡すること。
   ② 中毒の症状がある者を横向きに寝かせ，できるだけ気道を確保した状態で身体の保温に努めること。
   ③ 中毒の症状がある者が意識を失っている場合は，消防機関への通報を行うこと。
   ④ 中毒の症状がある者の呼吸が止まった場合や正常でない場合は，速やかに仰向きにして心肺蘇生を行うこと。
4. 有効な呼吸用保護具を使用しなければならない旨及び使用すべき保護具
   ① 呼吸用保護具　適切な呼吸器保護具（防毒マスク（有機ガス用），高濃度の場合，送気マスク　空気呼吸器）を着用すること。
   ② 手の保護具　適切な保護手袋を着用すること。
   ③ 眼の保護具　適切な眼の保護具を着用すること。
   ④ 皮膚及び身体の保護具　保護長靴，耐油性（不浸透性・静電気防止対策用）前掛け，防護服（静電気防止対策用）等製造業者が指定する保護具を着用すること。

図2―1　有機溶剤使用上の注意事項の掲示（例）

　また，有機溶剤を取り扱う各事業場においては，当該物質の譲渡・提供のあったときに入手する取扱い上の注意事項等について記載のある文書（安全データシート＝SDS）の内容をわかりやすく掲示するまたは備え付けるとともに，危険性または有害性によるリスクの見積りに際し当該文書を有効活用し，リスクの低減措置を講ずるといったリスクアセスメントに取り組む必要がある（第5章4を参照）。

　有機溶剤は，各種の有機化学反応の媒体として使用される以外は，多くの場合数種類の有機溶剤を混合したもの，すなわち混合有機溶剤を使用している。これは，どの溶剤がどのような物質をよく溶解するかが，有機溶剤によって異なるためで，それが有機溶剤の種類の多様性と混合溶剤の成分の複雑さとなっている。一般に，シンナーとよばれている溶剤は，溶解能，蒸発特性，粘度特性等を向上させることを目的として，主としてトルエン，キシレン等性能の異なる数種類の有機溶剤を混合したもので，塗装や印刷等の際に多く使用されている。

　このような混合有機溶剤から蒸発する蒸気の組成は，必ずしも混合有機溶剤成分の組成と同じではない。それは，各成分の蒸気圧が異なるからである（図2—2参照）。

留意事項

　混合有機溶剤を蒸発させると，最初は低沸点成分の蒸気が発生し，蒸発が進むに従って，高沸点成分が蒸発してくる。したがって，作業環境測定の際には，この点をも考慮しなければならない。このため，塗装作業等に用いる有機溶剤については，その組成を把握しておく必要がある（表2—1参照）。

　混合有機溶剤の組成を知るには分析が必要であるが，事業者が自ら実施することは一般には容易ではない。このため，容器に成分および含有量が示されている場合はラベル（表2—2参照）で，容器に成分および含有量が示されていない場合は安全データシート（SDS）によって確認しなければならない。できれば，使用する混合有機溶剤の組成とあわせ，使用温度条件下で発生する蒸気の組成を知っておくことが望ましい。

　また，上記のとおり当該化学物質の譲渡・提供時に入手したSDSを安全衛生管理に役立てることが求められる。

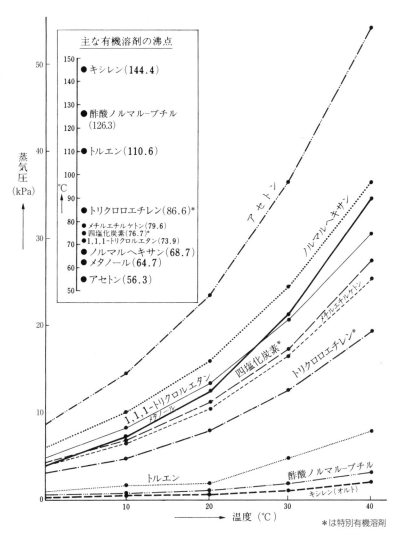

図2—2　主な有機溶剤の蒸気圧および沸点

表2—1　有機溶剤とその使用対象塗料

（＊は特別有機溶剤）

対象塗料区分 ＼ 有機溶剤名称	ミネラルスピリット	トルエン	キシレン	中高沸点石油系溶剤	イソプロパノール	ブタノール	酢酸エチル	酢酸ブチル	酢酸セロソルブ	MIBK＊	セロソルブ	ブチルセロソルブ	メチレンクロライド＊
①常乾アルキド塗料	◎	○	○	◎	○							○	
②常乾アクリル塗料	○	◎	◎	○	◎		◎	◎	◎	◎		○	
③常乾エポキシ塗料	○	◎	◎	○	◎	◎			○		◎	◎	○
④常乾ウレタン塗料		◎	◎			◎	◎	◎			○	○	
⑤常乾ビニル/塩化ゴム塗料		◎	◎		○	◎	◎	○	○		○	○	
⑥常乾水系塗料（水溶・分散）					◎	◎					○	◎	
⑦ニトロセルローズラッカー		◎	◎	○		○	◎	◎	◎	◎	◎	○	
⑧焼付アミノアルキド塗料		◎	◎		○	○			○		○	○	
⑨焼付アクリル塗料	○	◎	◎	○				○	○		◎	○	
⑩焼付エポキシ/ウレタン塗料		◎	◎		○	○	○	◎	◎	◎	◎	◎	
⑪焼付水系塗料（水溶・分散）					◎	◎					○	○	
⑫ふっ素樹脂系塗料	○	○						○	○		○	○	
⑬油性/フェノール系塗料	◎	○		○									
⑭その他のスピリット系塗料	◎										○	○	
⑮その他の常乾合成樹脂塗料	◎	○	○		○						○	○	
⑯その他の焼付合成樹脂塗料		○	○						○		○	○	
⑰洗浄用溶剤		○	○	○						○	○	○	○
⑱合成樹脂塗料用シンナー	○	◎	◎	◎	◎	◎	◎	◎	◎	◎	◎	○	
⑲一般塗料用シンナー	◎	○	○	◎									
⑳ペイントリムーバー	○	○		○							○		◎

(注)　使用量の多い主要溶剤について主用途と使われることのある補助用途を示した。

　　　◎：主要成分として一般的に使用する。　○：補助成分として使用することあり。

　　　イソプロパノール：イソプロピルアルコール

　　　MIBK：メチルイソブチルケトン

　　　セロソルブ：エチレングリコールモノエチルエーテル

　　　メチレンクロライド：ジクロロメタン

（(一社)日本塗料工業会　平成2年度実態調査による）

表2—2　ラベル表示の例

注意書き（下記D参照）
【安全対策】
・熱，火花，裸火，高温のもののような着火源から遠ざけること。
・容器を密閉しておくこと。
・静電気放電に対する予防措置を講ずること。
・取扱い後はよく手を洗うこと。
・適切な個人用保護具を使用すること。
・屋外または換気の良い場所でのみ使用すること。
・ミスト，蒸気，スプレーを吸入しないこと。
・環境への放出を避けること。
【応急措置】
・火災の場合には適切な消火方法をとること。
・皮膚または髪に付着した場合，直ちに，汚染された衣類をすべて脱ぐこと。
・皮膚を流水，シャワーで洗うこと。
・皮膚に付着した場合，皮膚刺激が生じた場合，医師の診断，手当てを受けること。
・眼に入った場合，水で数分間注意深く洗うこと。次に，コンタクトレンズを着用していて容易に外せる場合は外すこと。その後も洗浄を続けること。
・眼に入った場合，眼の刺激が続く場合，医師の診断，手当てを受けること。
・ばく露またはばく露の懸念がある場合，医師の診断，手当てを受けること。
・吸入した場合，空気の新鮮な場所に移し，呼吸しやすい姿勢で休息させること。
・吸入した場合，気分が悪い時は，医師の診断，手当てを受けること。
・飲み込んだ場合，無理して吐かせず，直ちに医師に連絡すること。
【保管】
・換気の良い場所で保管すること。涼しいところに置くこと。
・施錠して保管すること。
・換気の良い場所で保管すること。容器を密閉しておくこと。
【廃棄】
・内容物，容器を都道府県知事の許可を受けた専門の廃棄物処理業者に業務委託すること。

資料の出所：「職場のあんぜんサイト」のモデルラベルより作成

接着剤○○（下記E参照）

| ノルマルヘキサン | 65% | 18L |
| アクリル系樹脂 | 35% | |

危険有害性情報
（下記C参照）
・引火性の高い液体および蒸気
・皮膚刺激
・強い眼刺激
・生殖能または胎児への悪影響のおそれの疑い
・呼吸器への刺激のおそれ
・眠気やめまいのおそれ
・長期にわたる，または，反復ばく露による神経系の障害
・飲み込んで気道に侵入すると生命に危険のおそれ
・水生生物に毒性

○×△□工業株式会社
東京都港区芝5-35-2
TEL：0123456789
（下記F参照）

Lot. XYZ0123

危険（下記B参照）

（下記A参照）

消防法
第4類引火性液体，第一石油類非水溶性液体
危険等級Ⅱ（指定数量200L）

労働安全衛生法
有機則　第2種有機溶剤
（下記G参照）
危険物・引火性の物
表示通知対象物質

毒物劇物取締法
非該当

化管法
第1種指定化学物質

国連番号：1208
指針番号：128

ラベル記載事項

	項目	内容
A	危険有害性を示す絵表示	危険有害性の性質及びその程度に対応する絵表示
B	注意喚起語	危険有害性の重大性の相対的レベルを示し，利用者に潜在的な危険有害性について警告するための語句。重篤度の順は「危険」＞「警告」＞「記載なし」。
C	危険有害性情報	危険有害物へのばく露，不適切な貯蔵及び取り扱いから生じる被害の最小化または防止するために取るべき推奨措置について規定した文言。
D	注意書き	危険有害物へのばく露，不適切な貯蔵及び取り扱いから生じる被害の最小化または防止するために取るべき推奨措置について規定した文言。
E	化学品の名称	化学品の名称（化学物質の場合は化学名又は一般名）。法令により名称，成分記載が規定される場合は，法令に従った記載。取り扱う者に危険有害性を及ぼす可能性のある成分名が記載されることがある。
F	供給者を特定する情報	供給者名，住所，電話番号。国内製造業者の情報が記載されることがある。
G	その他国内法令によって表示が求められる事項	国内法令によって表示が求められる事項。表示面積の関係からGHSラベルとは別に表示されることがある。

資料の出典：JIS Z 7253 2019 より

≪質問事項≫

1　現場で使用している有機溶剤の成分を知っていますか？

2　有機溶剤の成分，組成はどのようにしてわかりましたか？

3　職場で使用している有機溶剤の名称と成分，組成を尋ねられたとき間違いなく答えられますか？

4　次の有機溶剤含有率の製品は，有機則に定める第何種の有機溶剤等に該当するでしょうか？

イソプロピルアルコール	2 %
アセトン	4 %
キシレン	5 %
石油ナフサ	89 %
合　計	100 %

有機溶剤中毒予防規則

（掲　示）

第24条　事業者は，屋内作業場等において有機溶剤業務に労働者を従事させるときは，次の事項を，見やすい場所に掲示しなければならない。

1　有機溶剤により生ずるおそれのある疾病の種類及びその症状

2　有機溶剤等の取扱い上の注意事項

3　有機溶剤による中毒が発生したときの応急処置

4　次に掲げる場所にあつては，有効な呼吸用保護具を使用しなければならない旨及び使用すべき呼吸用保護具

　イ　第13条の2第1項の許可に係る作業場（同項に規定する有機溶剤の濃度の測定を行うときに限る。）

　ロ　第13条の3第1項の許可に係る作業場であつて，第28条第2項の測定の結果の評価が第28条の2第1項の第1管理区分でなかつた作業場及び第1管理区分を維持できないおそれがある作業場

　ハ　第18条の2第1項の許可に係る作業場（同項に規定する有機溶剤の濃度の測定を行うときに限る。）

　ニ　第28条の2第1項の規定による評価の結果，第3管理区分に区分された場所

　ホ　第28条の3の2第4項及び第5項の規定による措置を講ずべき場所

　ヘ　第32条第1項各号に掲げる業務を行う作業場

　ト　第33条第1項各号に掲げる業務を行う作業場

（有機溶剤等の区分の表示）

第25条　事業者は，屋内作業場等において有機溶剤業務に労働者を従事させるときは，当該有機溶剤業務に係る有機溶剤等の区分を，色分け及び色分け以外の方法により，見やすい場所に表示しなければならない。

②　前項の色分けによる表示は，次の各号に掲げる有機溶剤等の区分に応じ，それ

それ当該各号に定める色によらなければならない。

1　第1種有機溶剤等　赤

2　第2種有機溶剤等　黄

3　第3種有機溶剤等　青

労働安全衛生法

（表示等）

第57条　爆発性の物，発火性の物，引火性の物その他の労働者に危険を生ずるおそれのある物若しくはベンゼン，ベンゼンを含有する製剤その他の労働者に健康障害を生ずるおそれのある物で政令で定めるもの又は前条第1項の物を容器に入れ，又は包装して，譲渡し，又は提供する者は，厚生労働省令で定めるところにより，その容器又は包装（容器に入れ，かつ，包装して，譲渡し，又は提供するときにあつては，その容器）に次に掲げるものを表示しなければならない。ただし，その容器又は包装のうち，主として一般消費者の生活の用に供するためのものについては，この限りでない。

1　次に掲げる事項

イ　名称

ロ　人体に及ぼす作用

ハ　貯蔵又は取扱い上の注意

ニ　イからハまでに掲げるもののほか，厚生労働省令で定める事項

2　当該物を取り扱う労働者に注意を喚起するための標章で厚生労働大臣が定めるもの

②　前項の政令で定める物又は前条第1項の物を前項に規定する方法以外の方法により譲渡し，又は提供する者は，厚生労働省令で定めるところにより，同項各号の事項を記載した文書を，譲渡し，又は提供する相手方に交付しなければならない。

(2)　有機溶剤蒸気の比重

有機溶剤の入った容器を開けると特有の臭いがする。これは，溶剤が気化して蒸気になって発散しているからである。

有機溶剤蒸気の比重は，種類を問わずすべて空気の比重（＝1）よりも大きく，分子量の大きい溶剤の蒸気ほど比重は大きくなる（図2—3参照）。

空気に比べて重いということは，低い場所ほど有機溶剤蒸気が滞留しやすくなるということである。

窓や出入口を締め切ったままの状態では，有機溶剤の入った容器を開放したまま放置しておくと，蒸気は容器の開口部からあふれ，室全体に室内空気の自然循環とともに床面をはって拡散する。

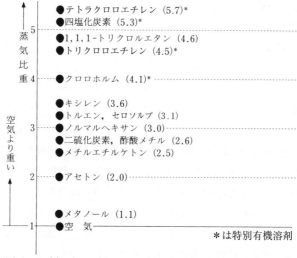

図2—3　主な有機溶剤蒸気の比重

留意事項

　拡散した蒸気は，屋内の通風等の影響を受け，作業床に沿って水が高いところから低いところに流れるように流れる。作業者は気づかないが，かなり広い範囲に拡散している。自分の呼吸域までただちには上昇せずに凹地等に滞留する。発散源から離れたピット等凹部に落とした道具を拾おうとして入り，滞留した溶剤蒸気を吸い込んで中毒し，倒れることがある。

＜質問事項＞

　有機溶剤業務を行っている作業場所の付近に，ピット等の凹部はありませんか？

(3)　気中濃度と個人ばく露量

　スプレーガンを使用して塗装作業をしていた6名の作業班について，特殊健康診

断を実施した結果，班員の中のＡさんただ１人が尿中代謝物の濃度に異常が認められた。気中濃度について，作業環境測定結果の記録を調べたところ過去４回の測定結果は，すべて「第１管理区分」であった。

　なぜＡさんだけが尿中代謝物の濃度が高いかを解明するため，衛生管理者と産業医が現場巡視を行い作業状態を観察したところ，Ａさんの作業位置が他の班員よりもブース内に入り込んでおり，さらに作業するときの姿勢がかなり前屈みであることが判明した。

　このように作業環境測定の結果が低いにもかかわらず，代謝物濃度の測定結果では有機溶剤の体内摂取が明らかに高い者が認められることがある。

　このような場合，理由を調べてみると，いわゆる個人のもつ「癖」や「その人だけ」が手などの汚れ落としにシンナーを使っていたことが判明する場合がある。

　以上のことから，労働者の健康影響をみる場合，尿中代謝物の測定などの生体側からの「情報」と作業環境測定によって得られた作業環境の「管理区分」から作業態様を精査する必要がある。

留意事項

　作業方法の良否は，個人ばく露に大きな影響を与えるので，作業方法を決定する場合は作業の内容，方法についても検討し，作業手順を取り決めて具体的に指示するよう配慮することが必要である。

　また，高濃度のばく露を受けるおそれのある作業に，同一の作業者を長時間従事させることのないよう留意することが必要である。

≪質問事項≫
1　あなたの部下で有機溶剤で酔った症状となり，異常を訴えた人はいませんか？
2　もしあれば，どんな場所で，どんな仕事をしていたときでしょうか？

⑷　有機溶剤の管理濃度

　管理濃度とは，作業環境管理を進める過程で，有害物質に関する作業環境の状態を評価するために，作業環境測定基準に従って単位作業場所について実施した測定結果から当該単位作業場所の作業環境管理の良否（管理区分）を決定するための指標である。

　有機溶剤を取り扱う職場内の気中濃度は，臭覚をはじめとする人間の五感に頼ることなく，必ず作業環境測定を行い，評価することが必要である。

留意事項

　①　有機溶剤の管理濃度は，一般に空気中に有機溶剤蒸気がどれだけの体積を占めているかを示すppm（parts per million：百万分率）で表されている（表2—3参照）。

表2—3　有機溶剤の管理濃度

種類および物質の名称	管理濃度	種類および物質の名称	管理濃度
エチルベンゼン*	20 ppm	クロルベンゼン	10 ppm
クロロホルム*	3 ppm	酢酸イソブチル	150 ppm
四塩化炭素*	5 ppm	酢酸イソプロピル	100 ppm
1, 4−ジオキサン*	10 ppm	酢酸イソペンチル	50 ppm
1, 2−ジクロロエタン*	10 ppm	酢酸エチル	200 ppm
1, 2−ジクロロプロパン*	1 ppm	酢酸ノルマル−ブチル	150 ppm
ジクロロメタン*	50 ppm	酢酸ノルマル−プロピル	200 ppm
スチレン*	20 ppm	酢酸ノルマル−ペンチル	50 ppm
1, 1, 2, 2−テトラクロロエタン*	1 ppm	酢酸メチル	200 ppm
テトラクロロエチレン*	25 ppm	シクロヘキサノール	25 ppm
トリクロロエチレン*	10 ppm	シクロヘキサノン	20 ppm
メチルイソブチルケトン*	20 ppm	1, 2−ジクロロエチレン	150 ppm
アセトン	500 ppm	N,N−ジメチルホルムアミド	10 ppm
イソブチルアルコール	50 ppm	テトラヒドロフラン	50 ppm
イソプロピルアルコール	200 ppm	1, 1, 1−トリクロルエタン	200 ppm
イソペンチルアルコール	100 ppm	トルエン	20 ppm
エチルエーテル	400 ppm	二硫化炭素	1 ppm
エチレングリコールモノエチルエーテル	5 ppm	ノルマルヘキサン	40 ppm
		1−ブタノール	25 ppm
エチレングリコールモノエチルエーテルアセテート	5 ppm	2−ブタノール	100 ppm
		メタノール	200 ppm
エチレングリコールモノ−ノルマル−ブチルエーテル	25 ppm	メチルエチルケトン	200 ppm
		メチルシクロヘキサノール	50 ppm
エチレングリコールモノメチルエーテル	0.1 ppm	メチルシクロヘキサノン	50 ppm
		メチル−ノルマル−ブチルケトン	5 ppm
オルト−ジクロルベンゼン	25 ppm	（温度25度，1気圧の空気中における濃度）	
キシレン	50 ppm	*は特別有機溶剤	
クレゾール	5 ppm		

② 混合有機溶剤の場合には，含有する有機溶剤ごとの測定濃度を C_1，C_2，C_3 …とし，それぞれの管理濃度を E_1，E_2，E_3…としたとき，次式により換算値 C を求め，管理濃度 E を1として評価を行う。

$$C = \frac{C_1}{E_1} + \frac{C_2}{E_2} + \frac{C_3}{E_3} \cdots\cdots$$

③ 測定結果を作業環境改善に結びつけるために，管理区分に応じて施設，設備，作業工程または作業方法の点検を行ったうえで改善措置を講ずる必要がある。

(5) 気中濃度の分布と変動

作業環境に発散する有機溶剤の気中濃度は，図2—4に示すように作業の開始から終了するまでの稼動時間中常に変動している。ことに，空調設備や通風等による気流によって有機溶剤は拡散し，作業位置によって濃度のばらつきが生じることが多い。

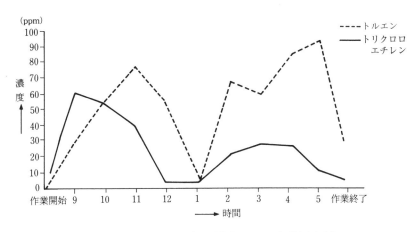

図2—4　有機溶剤気中濃度の時間変動測定例

留意事項

図2—5は，作業場所における濃度の分布状態を示した例であるが，使用している有機溶剤の濃度は広い範囲にわたって分布し，最低値と最高値の比は，しばしば100～1,000倍にもなることもある。

気中濃度の状態を判断するには，平均濃度（幾何平均値）のみでは不十分であり，測定点や測定時刻の相違によって測定値がばらつくので，そのばらつきの大きさ（幾何標準偏差）も十分に考慮しなければならない。

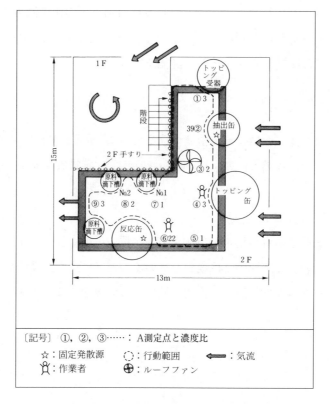

図2─5　気中有機溶剤濃度の分布状態測定例
（有機化合物溶媒抽出試験室測定結果）

<質問事項>
1　作業環境測定結果を見たことがありますか？
2　幾何平均値，幾何標準偏差という言葉を聞いたことがありますか？

(6)　有機溶剤等の貯蔵，保管

　有機溶剤等を入れた容器を屋内に貯蔵するときは，内容物の温度の上昇を防ぐために，直射日光が当たらないように冷暗所で，有機溶剤の蒸気を屋外に排出する設備を設置する（有機則第35条）。また，「消防法」「危険物の規制に関する政令」等も参照のこと。

留意事項

① 貯蔵してある溶剤を容器に小分け，充てんする際には，専用のポンプを用いホースを容器の口金に密着させる等，溶剤が必要以上に空気に接触することを避ける。

② 塗料製造事業場等において，有機溶剤等を容器に入れ一時事業場内に置いておくときは，必ずふたをすること。この場合，使用に際しふたを開くとき当該容器から有機溶剤蒸気が発散するので，局所排気装置の設置場所に容器を移動させてふたを開放するか，ふたを設けた開口部に移動可能なフードを接近させて発生する蒸気を吸引することで，ふたを開放する際の高濃度の有機溶剤蒸気の発散を防止する配慮が必要である。

③ 有機溶剤をビン等に小分けして保管する場合は判別のしやすい専用のビンを使用し，容器に当該有機溶剤の名称および人体に及ぼす作用について表示，文書の交付その他の方法により，当該有機溶剤を取り扱う者に明示して，飲料等と混在しないように注意すること（第5章3（5）を参照）。

≪質問事項≫
1　日常用いる溶剤の保管方法について説明してください。
2　小分けする際の安全対策を説明してください。

有機溶剤中毒予防規則

（有機溶剤等の貯蔵）

第35条　事業者は，有機溶剤等を屋内に貯蔵するときは，有機溶剤等がこぼれ，漏えいし，しみ出し，又は発散するおそれのない蓋又は栓をした堅固な容器を用いるとともに，その貯蔵場所に，次の設備を設けなければならない。

　1　当該屋内で作業に従事する者のうち貯蔵に関係する者以外の者がその貯蔵場所に立ち入ることを防ぐ設備

　2　有機溶剤の蒸気を屋外に排出する設備

労働安全衛生規則

第33条の2　事業者は，令第17条に規定する物又は令第18条各号に掲げる物を容器に入れ，又は包装して保管するとき（法第57条第1項の規定による表示がされた容器又は包装により保管するときを除く。）は，当該物の名称及び人体に及ぼす作用について，当該物の保管に用いる容器又は包装への表示，文書の交付その他の方法により，当該物を取り扱う者に，明示しなければならない。

(7)　有機溶剤が付着した物の取扱いと処理

　有機溶剤による作業環境の汚染を防止するためには，その発散源をできるだけ少なくすることである。

　塗装作業場所，洗浄槽等有機溶剤業務に係る発散源に対しては，発散源を密閉する装置または局所排気装置を設置するなどによりその対応が行われているが，次のような有機溶剤に汚染した物の処理に対する関心が薄く，作業環境汚染の原因となっている。

　①　有機溶剤が付着した機器または有機溶剤を払拭したボロ布

　②　有機溶剤が付着し乾燥していない被塗装物等の運搬

　③　有機溶剤が入れてあった容器

④ 作業場所に漏れたりこぼれたりした有機溶剤

留意事項

① 有機溶剤を入れてあった空容器は，密閉するか屋外の一定場所に集める（有機則第36条）。

② 有機溶剤を払拭するためボロ布を多量に使用する場合は，移動可能で排気設備のついた密閉型の収納庫（防爆構造）を作業現場に設置し，使用後はそのつど容器内に収容する等の措置が望ましい。なお，酸化乾燥して硬化するアルキッド樹脂系塗料を拭き取った布は，積み重ねたりすると，自然発火することがある。水を十分に入れた容器に沈めて，ふたをし，水が蒸発しないようにする。

③ 作業衣，手袋等にも有機溶剤が付着していることが多いので，昼休み時間等に他の作業者を汚染するおそれがある。なお，作業服を収納するロッカーの中に防毒マスクをいっしょに保管すると，衣服に付着した有機溶剤が蒸発し，吸収缶の破過（吸収缶の除毒能力が限界に達し，有機溶剤を吸収できなくなった状態）を早める結果となる。防毒マスクは必ず密閉して保管する。

　また，作業衣等の汚染を有機溶剤で洗浄してはならない（第7章災害事例6参照）。

≪質問事項≫

1　使用後のボロ布の処理はどのようにしていますか？

2　あなた自身の使用している作業衣服と防毒マスクの管理はどのように行っていますか？

有機溶剤中毒予防規則

（空容器の処理）

第36条　事業者は，有機溶剤等を入れてあつた空容器で有機溶剤の蒸気が発散するおそれのあるものについては，当該容器を密閉するか，又は当該容器を屋外の一定の場所に集積しておかなければならない。

2　作業環境測定，評価およびその結果に基づく措置

　第1種有機溶剤，第2種有機溶剤（特別有機溶剤を含む）については，6月以内ごとに1回，定期に作業環境測定を実施し，その結果に基づいて作業環境の管理状態を評価しなければならない（有機則第28条，第28条の2，㊩特化則第36条，㊩第36条の2，㊩特化則第36条の5）。有機溶剤と特別有機溶剤の合計が5％を超えて含有されている特定有機溶剤混合物については，特別有機溶剤を含めた有機溶剤としての混合物評価が必要であり，特別有機溶剤が1％を超えて含まれる場合は特定化学物質としての単一成分の評価が必要である。

　評価の結果，作業環境の管理レベルは，管理状態のよい順番に「第1管理区分」，「第2管理区分」または「第3管理区分」に区分される。第3管理区分に区分された場所は作業場の平均濃度が管理濃度を超えていることを意味するので，ただちに作業環境改善を行い，当該場所の管理区分が第1管理区分かまたは第2管理区分になるようにしなければならない（有機則第28条の3，第28条の4，㊩特化則第36条の3，㊩第36条の4）。

　作業環境管理専門家が当該場所を第1管理区分もしくは第2管理区分とすることが困難と判断した場合は，個人サンプリング測定等により，有機溶剤の濃度を測定し，その結果に応じて，労働者に有効な呼吸用保護具を使用させる必要がある。また，1年以内ごとに1回，定期に，当該呼吸用保護具が適切に装着されていることを確認し，その結果を記録し，3年間保存する必要がある（有機則第28条の3の2，第28条の3の3，㊩特化則第36条の3の2，㊩第36条の3の3）。

留意事項

　作業環境測定および評価は，作業環境測定士が行い，その結果は「作業環境測定結果報告書」によって事業主に提出されている。作業主任者は，自己の作業場所の環境がどのようになっているか，改善の必要の有無等について常に関心をもって作業を指揮する必要がある。

有機溶剤中毒予防規則

（測定）

第28条　令第21条第10号の厚生労働省令で定める業務は，令別表第6の2第1号から第47号までに掲げる有機溶剤に係る有機溶剤業務のうち，第3条第1項の場合における同項の業務以外の業務とする。

② 事業者は，前項の業務を行う屋内作業場について，6月以内ごとに1回，定期に，当該有機溶剤の濃度を測定しなければならない。

③ 事業者は，前項の規定により測定を行なつたときは，そのつど次の事項を記録して，これを3年間保存しなければならない。

1　測定日時

2　測定方法

3　測定箇所

4　測定条件

5　測定結果

6　測定を実施した者の氏名

7　測定結果に基づいて当該有機溶剤による労働者の健康障害の予防措置を講じたときは，当該措置の概要

（測定結果の評価）

第28条の2　事業者は，前条第2項の屋内作業場について，同項又は法第65条第5項の規定による測定を行つたときは，その都度，速やかに，厚生労働大臣の定める作業環境評価基準に従つて，作業環境の管理の状態に応じ，第1管理区分，第2管理区分又は第3管理区分に区分することにより当該測定の結果の評価を行わなければならない。

② 事業者は，前項の規定による評価を行つたときは，その都度次の事項を記録して，これを3年間保存しなければならない。

1　評価日時

2　評価箇所

3　評価結果

4　評価を実施した者の氏名

（評価の結果に基づく措置）

第28条の3　事業者は，前条第1項の規定による評価の結果，第3管理区分に区分された場所については，直ちに，施設，設備，作業工程又は作業方法の点検を行い，その結果に基づき，施設又は設備の設置又は整備，作業工程又は作業方法の改善その他作業環境を改善するため必要な措置を講じ，当該場所の管理区分が第1管理区分又は第2管理区分となるようにしなければならない。

② 事業者は，前項の規定による措置を講じたときは，その効果を確認するため，同項の場所について当該有機溶剤の濃度を測定し，及びその結果の評価を行わなければならない。

③　事業者は，第1項の場所については，労働者に有効な呼吸用保護具を使用させるほか，健康診断の実施その他労働者の健康の保持を図るため必要な措置を講ずるとともに，前条第2項の規定による評価の記録，第1項の規定に基づき講ずる措置及び前項の規定に基づく評価の結果を次に掲げるいずれかの方法によつて労働者に周知しなければならない。

1　常時各作業場の見やすい場所に掲示し，又は備え付けること。

2　書面を労働者に交付すること。

3　事業者の使用に係る電子計算機に備えられたファイル又は電磁的記録媒体（電磁的記録（電子的方式，磁気的方式その他人の知覚によつては認識することができない方式で作られる記録であつて，電子計算機による情報処理の用に供されるものをいう。）に係る記録媒体をいう。以下同じ。）をもつて調製するファイルに記録し，かつ，各作業場に労働者が当該記録の内容を常時確認できる機器を設置すること。

④　事業者は，第1項の場所において作業に従事する者（労働者を除く。）に対し，当該場所については，有効な呼吸用保護具を使用する必要がある旨を周知させなければならない。

第28条の3の2　事業者は，前条第2項の規定による評価の結果，第3管理区分に区分された場所（同条第1項に規定する措置を講じていないこと又は当該措置を講じた後同条第2項の評価を行つていないことにより，第1管理区分又は第2管理区分となつていないものを含み，第5項各号の措置を講じているものを除く。）については，遅滞なく，次に掲げる事項について，事業場における作業環境の管理について必要な能力を有すると認められる者（当該事業場に属さない者に限る。以下この条において「作業環境管理専門家」という。）の意見を聴かなければならない。

1　当該場所について，施設又は設備の設置又は整備，作業工程又は作業方法の改善その他作業環境を改善するために必要な措置を講ずることにより第1管理区分又は第2管理区分とすることの可否

2　当該場所について，前号において第1管理区分又は第2管理区分とすることが可能な場合における作業環境を改善するために必要な措置の内容

②　事業者は，前項の第3管理区分に区分された場所について，同項第1号の規定により作業環境管理専門家が第1管理区分又は第2管理区分とすることが可能と判断した場合は，直ちに，当該場所について，同項第2号の事項を踏まえ，第1管理区分又は第2管理区分とするために必要な措置を講じなければならない。

③　事業者は，前項の規定による措置を講じたときは，その効果を確認するため，同項の場所について当該有機溶剤の濃度を測定し，及びその結果を評価しなければならない。

④　事業者は，第1項の第3管理区分に区分された場所について，前項の規定による評価の結果，第3管理区分に区分された場合又は第1項第1号の規定により作業環境管理専門家が当該場所を第1管理区分若しくは第2管理区分とすることが困難と判断した場合は，直ちに，次に掲げる措置を講じなければならない。

1　当該場所について，厚生労働大臣の定めるところにより，労働者の身体に装着

する試料採取器等を用いて行う測定その他の方法による測定（以下この条において「個人サンプリング測定等」という。）により，有機溶剤の濃度を測定し，厚生労働大臣の定めるところにより，その結果に応じて，労働者に有効な呼吸用保護具を使用させること（当該場所において作業の一部を請負人に請け負わせる場合にあつては，労働者に有効な呼吸用保護具を使用させ，かつ，当該請負人に対し，有効な呼吸用保護具を使用する必要がある旨を周知させること。）。ただし，前項の規定による測定（当該測定を実施していない場合（第1項第1号の規定により作業環境管理専門家が当該場所を第1管理区分又は第2管理区分とすることが困難と判断した場合に限る。）は，前条第2項の規定による測定）を個人サンプリング測定等により実施した場合は，当該測定をもつて，この号における個人サンプリング測定等とすることができる。

2　前号の呼吸用保護具（面体を有するものに限る。）について，当該呼吸用保護具が適切に装着されていることを厚生労働大臣の定める方法により確認し，その結果を記録し，これを3年間保存すること。

3　保護具に関する知識及び経験を有すると認められる者のうちから保護具着用管理責任者を選任し，次の事項を行わせること。

イ　前二号及び次項第1号から第3号までに掲げる措置に関する事項（呼吸用保護具に関する事項に限る。）を管理すること。

ロ　有機溶剤作業主任者の職務（呼吸用保護具に関する事項に限る。）について必要な指導を行うこと。

ハ　第1号及び次項第2号の呼吸用保護具を常時有効かつ清潔に保持すること。

4　第1項の規定による作業環境管理専門家の意見の概要，第2項の規定に基づき講ずる措置及び前項の規定に基づく評価の結果を，前条第3項各号に掲げるいずれかの方法によつて労働者に周知させること。

⑤　事業者は，前項の措置を講ずべき場所について，第1管理区分又は第2管理区分と評価されるまでの間，次に掲げる措置を講じなければならない。この場合においては，第28条第2項の規定による測定を行うことを要しない。

1　6月以内ごとに1回，定期に，個人サンプリング測定等により有機溶剤の濃度を測定し，前項第1号に定めるところにより，その結果に応じて，労働者に有効な呼吸用保護具を使用させること。

2　前号の呼吸用保護具（面体を有するものに限る。）を使用させるときは，1年以内ごとに1回，定期に，当該呼吸用保護具が適切に装着されていることを前項第2号に定める方法により確認し，その結果を記録し，これを3年間保存すること。

3　当該場所において作業の一部を請負人に請け負わせる場合にあつては，当該請負人に対し，第1号の呼吸用保護具を使用する必要がある旨を周知させること。

⑥　事業者は，第4項第1号の規定による測定（同号ただし書の測定を含む。）又は前項第1号の規定による測定を行つたときは，その都度，次の事項を記録し，これを3年間保存しなければならない。

1　測定日時

2　測定方法

　　3　測定箇所

　　4　測定条件

　　5　測定結果

　　6　測定を実施した者の氏名

　　7　測定結果に応じた有効な呼吸用保護具を使用させたときは，当該呼吸用保護具の概要

⑦　事業者は，第4項の措置を講ずべき場所に係る前条第2項の規定による評価及び第3項の規定による評価を行つたときは，次の事項を記録し，これを3年間保存しなければならない。

　　1　評価日時

　　2　評価箇所

　　3　評価結果

　　4　評価を実施した者の氏名

第28条の3の3　事業者は，前条第4項各号に掲げる措置を講じたときは，遅滞なく，第3管理区分措置状況届（様式第2号の3）を所轄労働基準監督署長に提出しなければならない。

第28条の4　事業者は，第28条の2第1項の規定による評価の結果，第2管理区分に区分された場所については，施設，設備，作業工程又は作業方法の点検を行い，その結果に基づき，施設又は設備の設置又は整備，作業工程又は作業方法の改善その他作業環境を改善するため必要な措置を講ずるよう努めなければならない。

（第2項　略）

⑴　作業環境測定士が測定デザインを行う際の情報提供

　作業環境測定士は，㋑事業場に所属し日常業務として作業環境管理に専従している場合，または通常は生産業務に従事し作業環境測定時だけ作業環境測定を受け持っている場合，㋺作業環境測定機関に所属し，多くの事業場に出入りして作業環境測定を本来業務として行っている場合，とに分けることができる。

　いずれの場合にも作業環境測定基準に基づいて有機溶剤蒸気が発散している作業場所の測定デザインとサンプリング，試料の分析を行い，得られた測定結果から作業環境評価基準に従って，作業環境を評価し管理区分を決定している。

　作業環境測定のデザインでは，先ず単位作業場所を設定する。単位作業場所とは，作業者の行動範囲および有害物質の分布状況等により定められる作業環境測定のための必要な区域であり，測定結果や評価結果が及ぶ範囲である。単位作業場所の床面上に，原則として6m以下の等間隔で引いた縦の線と横の線との交点の床上0.5m以上1.5m以下の位置を測定点とし，5測定点以上でサンプリングを行うの

を A 測定という。A 測定は単位作業場所内の平均的な有害物質濃度を把握するための測定である。A 測定の他に，有害物質の発生源に近接する場所で作業が行われる場合には，その作業が行われる時間のうち，有害物質濃度が最も高くなると思われる時間に，その作業が行われる位置でサンプリングを行う B 測定も実施することになっている。得られた測定結果から作業環境評価基準に従って評価を行い，第 1 管理区分（作業環境管理が適切な状態），第 2 管理区分（作業環境管理になお改善の余地がある状態）または第 3 管理区分（作業環境管理が不適切な状態）のいずれかに区分する。

　なお，A 測定・B 測定の定点での作業環境測定および評価が 30 年以上行われてきたが，作業者が発生源とともに移動するような吹付け塗装作業や発生源に非常に近接して作業が行われる溶接作業等では，測定点を作業者の直近にすることができないことから，実際の作業環境濃度よりも低い測定結果となり，正しく作業環境を評価できていないことが指摘されてきた。このことより，吹付け塗装作業等有機溶剤等の発生源の場所が一定しない作業，有害性が高く管理濃度が低い物質（低管理濃度特定化学物質）を取扱う作業が行われる単位作業場所については，令和 3 年 4 月から従来の A 測定・B 測定の定点測定または個人サンプラーを用いた作業環境測定（個人サンプリング法）のいずれかを選択できることになった。

　令和 5 年 10 月からは，有機溶剤物質も発散源の場所が一定しない作業だけを対象とせず，単に「有機溶剤等」となった。また，「低管理濃度特定化学物質」と呼ばれていたものは，「個人サンプリング法対象特化物」となり，粉じんも追加された。

　その後も専門家検討会で，個人サンプリング法による作業環境測定の拡大等について検討が行われており，今後も規則等の改正が行われる予定（ジクロルベンジジン及びその塩，他 13 物質を追加する予定（令和 7 年 1 月より適用））である。

　個人サンプリング法では，気中有害物質の平均的な状態を把握するための測定を C 測定といい，単位作業場所において，測定対象物質にばく露される量がほぼ均一であると見込まれる作業（均等ばく露作業）ごとに，原則としてそれぞれ 5 名以上の適切な人数の作業者に個人サンプラーを装着して作業に従事する全時間（2 時間以上）測定を行う。また，発散源に近接する場所において作業が行われる単位作業場所にあっては，当該作業が行われる時間のうち，気中有害物質の濃度が最も高くなると思われる時間に，作業者に個人サンプラーを装着して D 測定という 15 分間の測定を行う（図 2―6）。得られた測定結果から作業環境評価基準に従って評価を行い，A 測定・B 測定と同様に第 1 管理区分（作業環境管理が適切な状態），第 2 管

理区分（作業環境管理になお改善の余地がある状態）または第 3 管理区分（作業環境
管理が不適切な状態）のいずれかに区分する。

　正しい環境評価が行われるためには，測定のデザインが適切に行われることが重
要である。

　このため，作業主任者は作業環境測定士が行う単位作業場所，測定点，測定時刻等
デザインに際して作業現場の詳しい状況や作業内容等の情報提供を行う必要がある。

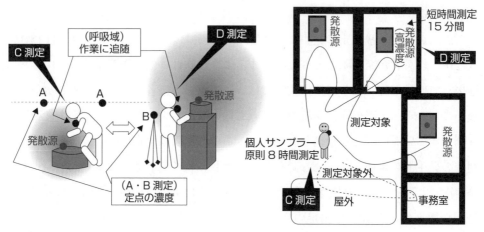

図 2—6　個人サンプリング法（C 測定・D 測定）のイメージ

留意事項

　作業主任者が作業現場の詳しい状況や作業内容等を説明しておかないと，作業現
場の実態からかけ離れた不適切なデザインのもとに作業環境測定が行われ，その結
果作業現場の的確な環境評価が行われないことになる。

　作業環境測定士の行う測定デザインに際し，情報提供を行う場合は，以下の内容
について行うことが必要である。

① 　通常行われる「準備作業」と「本作業」の工程および「後始末作業」につい
　 て具体的な作業方法の内容を説明する。

　　 また，臨時的に行われる作業の場合についても同様である。

② 　①との関連でそれぞれの作業中における作業者の行動様式と範囲を説明する。

③ 　どのような作業のときが，最も高濃度のばく露を受けやすいかについて説明
　 する。

─────────────────────────────────

＜質問事項＞

1　作業環境測定士から測定に際して，情報提供の要請を受けたことがあります
　か？

2　作業環境測定に立ち会ったことがありますか？

3　A・B測定，C・D測定という言葉の意味を知っていますか？

─────────────────────────────────

⑵　「作業環境測定結果報告書」の見方のポイント

イ　作業環境測定結果報告書の記録内容

　作業環境測定結果報告書は表紙を除き次のような4枚つづりの記入票によって構
成されている（表2—4参照）。

表2—4　作業環境測定結果報告書の構成

ページ	番号	記録内容
表紙		測定を実施した作業環境測定機関，測定を委託した事業場等，測定を実施した単位作業場所の名称，測定した物質の名称及び管理濃度，測定年月日，測定結果，事業場記入欄
1B	1	測定を実施した作業環境測定士
1B	2	測定対象物質等
1B	3	サンプリング実施日時
1B	4	単位作業場所等の概要
2B	5	全体図，単位作業場所の範囲，主要な設備，発散源，測定点の配置等を示す図面
3B	6	測定データの記録
3B	7	サンプリング実施時の状況
4B	8	試料採取方法等
4B	9	分析方法等
4B	10	測定値変換係数の決定
4B	11	測定結果
4B	12	評価

ロ　報告書表紙等の記載について

　作業環境測定機関に測定を委託している事業場の場合と自社の測定士が測定を実
施している場合とでは，表紙の書き方が異なる例もある。ここでは，次頁以降に一
般的な例（A測定・B測定の様式）とその記載要領を紹介する。

保存　　年						年　　月　　日

報告書（証明書）番号

作業環境測定結果報告書（証明書）

　　　　　　　　　　　　　　殿

　貴事業場より委託を受けた作業環境測定の結果は，下記及び別紙作業環境測定結果記録表に記載したとおりであることを証明します。

測定を実施した作業環境測定機関

①　名　　称		②　代表者職氏名		㊞
		②-(2)作業環境測定結果の管理を担当する者の氏名		㊞
③　所在地（TEL，FAX）				
④　登録番号		⑤作業環境測定に関する精度管理事業への参加の有無	無　有（　　　　年度　参加 No.　　　　）	
⑥　連絡担当作業環境測定士氏名		⑦登録に係る指定作業場の種類	第　1　2　3　4　5	

測定を委託した事業場等

⑧　名称	
⑨　所在地（TEL，FAX）	

記

1. **測定を実施した単位作業場所の名称**　：
2. **測定した物質の名称及び管理濃度**　：
3. **測定年月日**　（1日目）　　　年　　月　　日　　（2日目）　　　年　　月　　日
4. **測定結果**

測　定　日	1日目	2日目	1日目と2日目の総合	区分
A 測定結果〔幾何平均値〕	$M_1 =$　　（　）	$M_2 =$　　（　）	$M =$　　　　（　）	Ⅰ　Ⅱ　Ⅲ
B 測定値			（　　　）	Ⅰ　Ⅱ　Ⅲ

（　　）内には単位〔ppm・mg／m³・f／cm³・無次元〕を記入

管理区分（作業環境管理の状態）	第1管理区分（適　切）	第2管理区分（なお改善の余地）	第3管理区分（適切でない）

【事業場記入欄】（以下については事業場の責任において記入すること）

作成者職氏名		作成年月日	年　　月　　日

(1)　当該単位作業場所における管理区分等の推移（過去4回）

測定年月日	年　　月	年　　月	年　　月	年　　月（前回）
A 測定結果	Ⅰ　Ⅱ　Ⅲ	Ⅰ　Ⅱ　Ⅲ	Ⅰ　Ⅱ　Ⅲ	Ⅰ　Ⅱ　Ⅲ
B 測定結果	Ⅰ　Ⅱ　Ⅲ	Ⅰ　Ⅱ　Ⅲ	Ⅰ　Ⅱ　Ⅲ	Ⅰ　Ⅱ　Ⅲ
管　理　区　分	第1　第2　第3	第1　第2　第3	第1　第2　第3	第1　第2　第3

(2)　衛生委員会，安全衛生委員会又はこれに準ずる組織の意見

(3)　産業医又は労働衛生コンサルタントの意見

(4)　作業環境改善措置の内容

作業環境測定結果報告書（証明書）記載要領

ⅰ	本報告書は，測定を実施した単位作業場所ごとに発行すること。
ⅱ	記載に当たっては，この記載要領を参照して測定結果を正しく記入すること。
ⅲ	「報告書（証明書）番号」は，後日この番号により測定内容を追跡できるように番号を付けること。

報告書（証明書）

No.

②-(2)作業環境測定結果を統括管理する作業環境測定士の氏名を記載すること。管理担当者には，作業環境測定インストラクターなど一定以上の能力を有する作業環境測定士が望ましいこと。

⑤　作業環境測定に関するデザイン，サンプリング及び分析技術に係る精度管理事業の参加の有無を記載すること。

⑥　事業場からの問い合わせに的確に回答できる当該単位作業場所の作業環境測定を実施した作業環境測定士名を記載すること。

1. 当該事業場（工場）で通常用いている作業場の名称を記入すること。

2. 管理濃度の値は単位を付けて記入すること。（混合溶剤の場合には混合溶剤（主成分の物質名）を記載し，管理濃度は換算値として「1（無次元）」と記載すること。）

3. 2日目の測定を実施しなかった場合は該当欄に※印を記載すること。

4. ・A測定結果の1日目，2日目の欄にはM_1，M_2を，1日目と2日目の総合欄にはMの値を記載すること（1日のみの場合は，1日目と2日目の総合欄にはM_1の値を記載すること）。

　　・B測定値が定量下限の値に満たない場合には，定量下限の値を記入すること。

　　・A測定のみ実施した場合は，「B測定値」の欄に斜線を引くこと。

　　・A測定及びB測定の「区分」の欄は該当項目を○で囲むこと。
　　　管理濃度をE，第1評価値をE_{A1}，第2評価値をE_{A2}として，$E_{A1} < E$ならば「Ⅰ」，$E_{A1} \geq E \geq E_{A2}$ならば「Ⅱ」，$E_{A2} > E$ならば「Ⅲ」，$C_B < E$ならば「Ⅰ」，$E \times 1.5 \geq C_B \geq E$ならば「Ⅱ」，$C_B > E \times 1.5$ならば「Ⅲ」が該当すること。

　　・管理区分の欄は該当項目を○で囲むこと。

［事業場記入欄］

　作業環境測定機関が記入するのではなく，「安全衛生委員会，衛生委員会又はこれに準ずる組織の意見」，「産業医又は労働衛生コンサルタントの意見」に，この測定結果を基に，今後，改善して行くべき点に対するそれぞれの立場からの具体的方法等を記載させ，「作業環境改善措置の内容」には，その講じた措置の概要を具体的に記載するよう［事業記入欄］の作成者に説明すること。この際同一用紙上に記入できない場合には別紙として添付させてもよい旨について説明すること。

作業環境測定結果記録表（B　特定化学物質，有機溶剤，鉛，石綿用）

報告書（証明書）番号 _____

1. 測定を実施した作業環境測定士

⑪氏名	⑫登録番号	実施項目の別		
	－	デザイン	サンプリング	分析
	－	デザイン	サンプリング	分析
	－	デザイン	サンプリング	分析
	－	デザイン	サンプリング	分析
	－	デザイン	サンプリング	分析

2. 測定対象物質等

	⑬　種　類	⑭　名　称	⑮製造又は取扱量
当該単位作業場所において製造し，又は取り扱う物質	特1・特2・有1・有2・鉛・石・その他		／月
			／月
			／月
⑯　当該単位作業場所で行われる業務の概要			
⑰　測定対象物質の名称			
⑱　成分指数の計算 　含有率（％）			
t の値			
成分指数	$F=$		

3. サンプリング実施日時

	日　別	実　施　日	開始時刻 (イ)	終了時刻 (ロ)	時間 (ロ) − (イ)
⑲ A 測定	1日目	年　月　日	時　　分	時　　分	分間
	2日目	年　月　日	時　　分	時　　分	分間
⑳ B 測定		年　月　日	時　　分	時　　分	分間

4. 単位作業場所等の概要

㉑　単位作業場所 No.		㉓ A 測定の測定点の数	1日目		2日目	
㉒　単位作業場所の広さ	m²	㉔ A 測定の測定値の数	1日目		2日目	

㉕　単位作業場所について
　（1）有害物の分布の状況

　（2）労働者の作業中の行動範囲

　（3）単位作業場所の範囲を決定した理由

㉖　併行測定を行う測定点を決定した理由
　（1）粉じんの粒径の大きさ（特に，発じん時）

　（2）気流の影響

　（3）発生源からの距離

㉗　B 測定の測定点と測定時刻を決定した理由
　（1）発生源に近接する場所における作業

　（2）濃度が最も高くなると思われる作業位置

　（3）濃度が最も高くなると思われる時間

㉘　A 測定点の数を 5 点未満に決定した理由
　（1）単位作業場所の広さ

　（2）過去における測定の記録

㉘-(2)　A 測定点の間隔を 6m 超に決定した理由
　（1）過去における測定の記録

㉙　測定に係る監督署長許可の有無
　　有　　（許可年月日　年　　月　　日　　許可番号　　　　　　　　　　）　　無

1B ページに掲げる表

No.

⑪　実施の項目別に業務に携わった測定士の氏名を記入する。

⑬　特定化学物質等の第1類にあっては特1・第2類にあっては特2を，有機溶剤の第1種にあっては有1・第2種にあっては有2を，鉛にあっては鉛を，石綿にあっては石を，これら以外の物質についてはその他を○で囲むこと。

⑭　通称「例えばクロム酸系顔料，ジアゾ染料，クリアラッカー，ゴム系接着剤等」を記入すること。

⑮　kg，L等単位も忘れずに記入すること。

⑯　鉛にあっては，安衛法施行令別表第4，有機溶剤にあっては，有機則第1条第1項第6号に掲げる業務の記号を記入すること。

⑰　特定化学物質にあっては，安衛法施行令別表第3，有機溶剤にあっては，安衛法施行令別表第6の2に掲げる物質の名称，「その他」に○をつけた場合には，これらに準じて名称を記入すること。

⑱　㉙で有の場合，基発第461号通達（平成2年7月17日）を参照して算出した値を記入すること。

⑳　B測定値が2以上得られた場合には，そのうち最大の値が得られた日時等を記入すること。

㉑　測定を実施した単位作業場所が分かるように番号等を記入すること。

㉒　おおよその広さを記入すること。

㉔　㉓の数と異なる場合のみ記入すること。記入しない場合には「-」を記入すること。

㉕　デザインを実際に行った作業環境測定士が，次の事項を記述すること。

(1)　発生源の特定，有害物の拡散理由とその拡散範囲

(2)　発生源作業，それに付帯するすべての労働者の行動範囲

(3)　最終的に単位作業場所を決定した理由（有害物の分布の状況，労働者の作業中の行動範囲等を考慮して決定した旨を記述すること）

㉖　デザインを実際に行った作業環境測定士が，決定理由を記述すること。

㉗　デザインを実際に行った作業環境測定士が，次の事項を記述すること。

(1)　発生源に近接する場所における作業（近接する作業がない場合はその旨を記述すること）

(2)　濃度が最も高くなると思われる作業位置

(3)　濃度が最も高くなると思われる時間

㉘　デザインを実際に行った作業環境測定士が，次の事項を記述すること。

(1)　単位作業場所の広さ

(2)　過去における測定の記録

㉘-(2)　デザインを実際に行った作業環境測定士が，次の事項を記述すること。

(1)　過去における測定の記録

㉙　作業環境測定基準第2条第3項，第10条第3項又は第13条第3項の規定に基づく所轄労働基準監督署長の許可（以下「署長許可」という。）を受けている場合に記入すること。

5   全体図，単位作業場所の範囲，主要な設備，発生源，測定点の配置等を示す図面

事業場名		作業場名	

〔記号〕①，②，③……：A測定点   Ⓑ：B測定点   ◉：併行測定点   ⊠：発生源

⌂：囲い式フード   ⋏：外付け式フード   ⟵：気流方向   ⊙：気流滞留状態

◎：上昇気流   ◎：下降気流   ✳：気流拡散状態   ⊛：気象測定地点

◌：作業者位置   ⬠：作業者移動位置   ⌐ ┐：単位作業場所の範囲

▭:換気扇   ⬯:扇風機   ≫◇≫:プッシュプル

※単位作業場所の縦・横の寸法は必ず記入すること。その他必要な事項については記載要領を参照。

2Bページに掲げる表

(1) 事業場名，作業場名を記入する。図面に関しては，測定実施時の単位作業場所及びその周囲との様子が理解できるように，「記号」を参照して，主要な設備，A測定点，B測定点，併行測定点，局所排気装置のフードの位置，気流の滞留状態，作業者の位置，単位作業場所の範囲，風速及び風向き等記入すること。また，必要に応じ，発生源，全体換気装置，窓等の開口部等の位置等も記入すること。ただし，一つの作業場に単位作業場所が2以上ある場合には，単位作業場所の位置関係が分かるような図又は単位作業場所の四方が仕切られていない場合には単位作業場所の周辺の作業場が分かるような図を併記すること。この際，同一用紙上に記入できない場合には別紙として添付してもよい。

(2) その他必要とする記号等は，記号のところに必ず記号と説明とを記入すること。

(3) A測定を同一測定点で繰り返し行ったときは，3Bページの表の㉞中の測定点の番号と一致するように，図面には次のように記入すること。

　i　測定点が1点の場合………①〜n

　ii　測定点が2点以上の場合は次のように記入する。

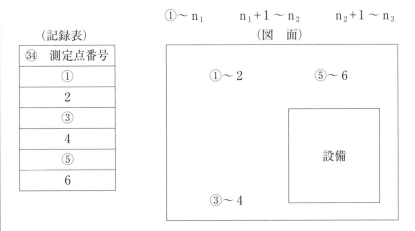

図1　繰返し測定の記入例

(4) 設備等があって測定が著しく困難な位置を除く場合には，その旨を（注）として記述すること。

〔記号〕①，②，③……：A測定点　Ⓑ：B測定点　●：併行測定点　⊠：発生源
　　　囲い式フード　外付け式フード　←：気流方向　：気流滞留状態
　　　：上昇気流　：下降気流　：気流拡散状態　：気象測定地点
　　　：作業者位置　：作業者移動位置　：単位作業場所の範囲
　　　：換気扇　：扇風機　：プッシュプル

※単位作業場所の縦・横の寸法は必ず記入すること。その他必要な事項については記載要領を参照。

6　測定データの記録（1日目，2日目）

〔A 測定データ〕　　　　　　　　　　　　　　　　　　　　　　〔単位：ppm・mg/m³・f/cm³・無次元〕

㉚測定対象物質の名称											
㉛管理濃度等	$E_{①}=$		$E_{②}=$		$E_{③}=$		$E_{④}=$		$E_{⑤}=$		$E=1$
㉞ No.	㉟$C_{①}$	㊱$\dfrac{C_{①}}{E_{①}}$	㉟$C_{②}$	㊱$\dfrac{C_{②}}{E_{②}}$	㉟$C_{③}$	㊱$\dfrac{C_{③}}{E_{③}}$	㉟$C_{④}$	㊱$\dfrac{C_{④}}{E_{④}}$	㉟$C_{⑤}$	㊱$\dfrac{C_{⑤}}{E_{⑤}}$	㊲$\displaystyle\sum_{i=1}^{n}\dfrac{C_i}{E_i}$
1											
2											
3											
4											
5											
6											
7											
8											
9											
10											
11											
12											
13											
14											
15											
16											
17											
18											
19											
20											

〔B 測定データ〕

㊳	C_{B1}										
	C_{B2}										
	C_{B3}										

7　サンプリング実施時の状況

㊴　サンプリング実施時に当該単位作業場所で行われていた作業，設備の稼働状況等及び測定値に影響を及ぼしたと考えられる事項の概要

〔作業工程と発生源及び作業者数〕

〔設備，排気装置の稼働状況〕

〔ドア，窓の開閉，気流の状況〕

〔当該単位作業場所の周辺からの影響〕

〔各測定点に関する特記事項〕

天候		温度		℃	湿度		%	気流		～　　　m/s

3B ページに掲げる表

(1) 2日間測定を行う場合又は6物質（監督署長許可を受けている場合にあっては，5物質）以上の場合には，3B ページを2枚用いて記録すること。

(2) 監督署長許可を受けている場合には，第1欄の㉚に（検）と，㉟ $C_{①}$ に検知管の指示値を記入し，㊲ $\sum_{i=1}^{n} \dfrac{C_i}{E_i}$ に測定値（換算値）を記録すること。

No.

㉚ ⑰で記入した名称を記入すること。監督署長許可により検知管を用いて測定を行った場合は，第1欄（検）と記入すること。

㉛ 作業環境評価基準（昭和63年労働省告示第79号）別表に従って記入すること。

㉞ A測定を同一測定点で繰り返し行ったときは，2B ページの図面中の測定点の番号と一致していること。監督署長許可により検知管を用いて併行測定を行った場合には，その測定点を〇で囲むこと。

㉟ 各測定点における有害物質の濃度を記入すること。
　監督署長許可により検知管を用いて測定を行った場合，「$C_{①}$」欄を用いて検知管指示値を記入すること。

㊱ 各測定点における有害物質の濃度を各有害物質の管理濃度で除した値を記入すること。監督署長許可を受けている場合には，㊼の値を用いて換算値を求めて記入すること。

㊲ 各測定点における有害物質の濃度を各有害物質の管理濃度で除した値の和を記入すること。

㊳ 2以上の測定点においてB測定を実施した場合には，その値をそれぞれ記入すること。

㊴ ⑪の実際に測定した作業環境測定士が各項目について平易に記入すること。

8　試料採取方法等

㊶　試料採取方法	直接・液体・固体・ろ過・検知管（　　　　用）・その他（　　　）		
㊷　捕集剤，捕集器具及び型式		㊸　吸引流量	L ／ min
㊹　捕集時間	分間（　分間隔）	㊼　捕 集 量	L

9　分析方法等

㊽　分 析 方 法	吸光光度・蛍光光度・原子吸光・ガスクロマトグラフ・重量分析・計数・高速液体クロマトグラフ・検知管・その他（　　　）
㊾　使用機器名及び型式	
㊾-(2)　分析日	年　月　日～　年　月　日(　日間)

10　測定値（換算値）変換係数の決定（監督署長許可の場合のみ記入）

1日目	(51) 検知管指示値	ppm	(53) 捕集時間	分間
	(52) 測定値（換算値）		(54) 測定値（換算値）変換係数	
2日目	(55) 検知管指示値	ppm	(57) 捕集時間	分間
	(56) 測定値（換算値）		(58) 測定値（換算値）変換係数	

11　測定結果

〔単位： ppm・mg/m³・f/cm³・無次元〕

	区　分	1　日　目	2　日　目	M 及び σ
A 測定	(71)　幾 何 平 均 値	$M_1=$	$M_2=$	$M=$
	(72)　幾何標準偏差	$\sigma_1=$	$\sigma_2=$	$\sigma=$
	(73)　第 1 評 価 値	$E_{A1}=$		
	(74)　第 2 評 価 値	$E_{A2}=$		
B 測定	(75)	$C_B=$		

12　評　　価

(79)　評　価　日		年　月　日		
(80)　評　価　箇　所		㉑ の単位作業場所と同じ		
評価結果	(81)　管 理 濃 度	$E=$		〔ppm・mg/m³・f/cm³・無次元〕
	(82)　A 測 定 の 結 果	$E_{A1}<E$	$E_{A1}\geqq E\geqq E_{A2}$	$E_{A2}>E$
	(83)　B 測 定 の 結 果	$C_B<E$	$E\times1.5\geqq C_B\geqq E$	$C_B>E\times1.5$
	(84)　管 理 区 分	第1	第2	第3
(85)　評価を実施した者の氏名				

4B ページに掲げる表

No.

㊶　該当する項目をすべて○で囲むこと。検知管を○で囲んだ場合，（　）内に使用した検知管を記入すること。その他を○で囲んだ場合には，（　）内の試料採取方法を記入すること。

㊷　㊶で○をつけたすべての方法について記入すること。
捕集袋による採取の場合には，使用した捕集袋の容量も記入すること。

㊸　一つの試料の吸引流量を記入すること（吸引流量が明らかでない場合は除く。）。

㊹　一つの試料の捕集に要した時間を記入すること。ただし，捕集時間が10分未満の場合には，（　）内に試料空気の採取の間隔時間を記入すること。

㊼　一つの試料の捕集量を記入すること。

㊽　該当する項目を○で囲むこと。その他を○で囲んだ場合には（　）内に分析方法を記入すること。

㊾−(2)　サンプリング試料の前処理，分析等を実施した期間を記入すること。また，（　）内は実日数を記入すること。

(52)　混合有機溶剤の測定の場合は，換算値を記入すること。

(54)　混合有機溶剤の測定の場合は，換算値変換係数を記入すること。

(56)　混合有機溶剤の測定の場合は，換算値を記入すること。

(58)　混合有機溶剤の測定の場合は，換算値変換係数を記入すること。

(71)　評価値の計算に用いた「M」は，次式を用いて算出した値を記入すること。

（2日間の場合）　$M=\sqrt{M_1 \cdot M_2}$ 又は $\log M=\frac{1}{2}(\log M_1+\log M_2)$

（1日間の場合）　$M=M_1$

(72)　評価値の計算に用いた「σ」は，次式を用いて算出した値を記入すること。

（2日間の場合）　$\log\sigma=\sqrt{\frac{1}{2}(\log^2\sigma_1+\log^2\sigma_2)+\frac{1}{2}(\log M_1-\log M_2)^2}$

（1日間の場合）　$\log\sigma=\sqrt{\log^2\sigma_1+0.084}$

(73)　作業環境評価基準第3条に従って算出した第1評価値を記入すること。

(74)　作業環境評価基準第3条に従って算出した第2評価値を記入すること。

(75)　㊳に2以上の数値がある場合には，最大値を記入すること。ただし，定量下限の値に満たない場合は，定量下限の値を記入すること。

(81)　（　）内は該当する項目を○で囲むこと（混合有機溶剤の場合は無次元を○で囲むこと）。

(82)　該当する項目を○で囲むこと。

(83)　該当する項目を○で囲むこと。

(84)　該当する項目を○で囲むこと。

(85)　評価を行った者の氏名を記入すること。

⑶　作業環境測定結果に対する認識と対応措置のあり方

　有機溶剤の作業環境測定とその結果に基づく評価の結果は，衛生委員会の付議事項とされ，対策について調査・審議をしなければならないことになっている（労働安全衛生規則第22条第6号）。また，作業環境測定結果報告書は，最低3年間保存（有機則第28条の2第2項，第28条の3の2第6項），特別有機溶剤の単一成分のものについては最低30年間保存（特化則第36条の2第3項）しなければならない（詳しくは第6章参照）。

　したがって，作業主任者は測定結果等を知る機会は十分あるので，測定結果に対し関心を持つようにすることが重要である。

　なお，第2管理区分または第3管理区分に区分された場所については，評価の記録と評価結果に基づき行った措置等について，作業者に周知しなければならないことになっている（有機則第28条の3第3項，第28条の3の2第4項第4号，第28条の4第2項）。また，エチルベンゼン，スチレン，テトラクロロエチレン（パークロルエチレン），トリクロロエチレン，エチレングリコールモノエチルエーテル（セロソルブ），エチレングリコールモノエチルエーテルアセテート（セロソルブアセテート），エチレングリコールモノメチルエーテル（メチルセロソルブ），キシレン，N,N-ジメチルホルムアミド，トルエン，二硫化炭素，メタノールの作業環境測定の結果が第3管理区分であるときには，作業環境改善等によって第3管理区分でなくなるまでの間，母性保護の観点から，すべての女性労働者の就業が禁止される（労働基準法第64条の3，女性労働基準規則第2条及び第3条）（これに関連して，これらの条文では，タンク内，船倉内などで，これら12種類の有機溶剤を取り扱う業務で呼吸用保護具の使用が義務づけられている業務についても同様に女性労働者の就業が禁止されている）。

留意事項

　前記⑵で示した「作業環境測定結果報告書」の見方のポイントを参照して作業現場を観察し，記載されている内容が現場の実態と異なっていないかどうかをまず最初に確認する。もしも不明な点や明らかに現場の状況と異なった記載がある場合には，測定を担当した作業環境測定士に問い合わせて確認する必要がある。次に，評価の結果に対する対応措置が適切に行われているかを確認することが必要である。

　環境改善を実施しなければならないような結果が提示されている場合には，報告書を参考にしながら作業工程のどこに問題があるのかを関係者全員で見いだす努力

をし，問題となった作業工程から作業環境を悪くしている原因を排除するための改善方法について互いに意見を出し合い有効な方策を実施し，適正な作業環境を確保し，有機溶剤による健康影響を受けることがないようにすることが重要である。

　作業環境測定士にすべてを任せておくことなく，作業主任者も積極的な意識を持って測定結果を認識し，事後措置のあり方について真剣に取り組んで行こうとする姿勢が大切である。

```
━━━≪質問事項≫━━━
 1　現在所属している職場の作業環境測定と評価の結果について，関心を持っていますか？
 2　あなたが所属している職場の中で「第3管理区分」と評価された作業現場がありますか？
```

(4)　簡易測定器による実習

イ　実習内容

① 検知管の使い方と濃度測定

② 気流検査器（スモークテスター）の操作方法

ロ　実習方法

① 直読式キシレン検知管による測定の体験実習

② 気流検査器の操作方法と気流状態のチェック方法

ハ　機器の操作方法と濃度測定の実際

(イ)　検知管法によるキシレン濃度の測定

　有機溶剤のガスや蒸気，その他有害化学物質等のうち「検知管法」で濃度を測定することができるものがいくつかある。現在一般的に使用されている検知管としては，北川式検知管，ガステック検知管がある。これらの検知管の測定原理はいずれもほぼ同じである。

　実習は，測定対象ガスの発散源として，油性のペンを使用し，各自が検知管を開封して操作方法を習得し，濃度測定についての体験実習をする。

＜原　　理＞

　測定対象ガスを含む試料空気を検知管を通して吸引すると，試料空気中の対象ガスと検知剤との化学反応で充てん剤が変色する。一定体積の試料空気を一定時間かけて吸引することによって生じる変色層の長さは，試料空気中の対象ガスの濃度との間には一定の関係があるから変色層の長さから濃度を測定することができる。試

料空気を検知管内に吸引するには図2—7に示した真空式ガス採取器（内容積100 mLの金属製ハンドポンプ）に検知管を取り付け，ガイドマークを合わせてピストン柄（ハンドル）を一気に引き固定する。シリンダー内部は負圧となり，一定時間放置しておくと所定の速度で試料空気が検知管を通りシリンダー内に吸引される仕組みになっている。

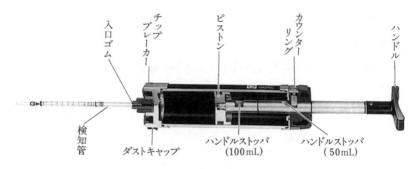

図2—7   真空式ガス採取器（ガステックの例）

<ポイント>

変色層の長さから対象ガス濃度を求める方法には，①検知管に印刷してある「目盛」から濃度を読み取る方式（直読式）と，②ガラス管内径の補正を行うための濃度表を用いる方式（濃度表式）とがある。図2—8に直読式ガス検知管の例を示す。

実習では直読式検知管を用いてキシレン濃度の測定を体験実習する。

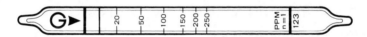

図2—8   直読式ガス検知管（ガステックの例）

留意事項

① ガス採取器は，それぞれの検知管の特性に合うように設計されているので，用いる検知管と採取器との組合せは必ず同一メーカーのものを用いる。

② 検知管の両端をカッターで切り取る際にガラス破片等による切り傷に注意する。

③ ガス採取器に検知管をセットするには，直読式では検知管表面に印刷されている「→」方向に，また濃度表式のものは空間の多い側にそれぞれガス採取器がくるように取り付ける。

④ 測定を開始してから測定終了までの時間は，検知管の種類によって異なり，2ストローク以上吸引しなければならない場合もあるので，必ず取扱説明書で

確認する。

⑤ 測定対象と異なる種類のガスによる妨害は，その種類，濃度により一様ではなく，推定値にプラスまたはマイナスの影響を及ぼす場合，変色の境界を不鮮明にする場合，また異なった変色を示す場合などがある。

⑥ それぞれの検知管には使用有効期限があるので注意する。

⑦ 検知管は，通常冷蔵庫内に保存する。

───≪質問事項≫───
1 ガス検知管を用いて濃度の測定をした経験がありますか？
2 タンク内作業等を行う前にガス検知管でおおよその濃度を測定し，安全対策を講じてから作業を開始するよう指示していますか？

㈹ **気流検査器の操作方法**

塗装作業場等に設置されている局所排気装置のフード開口面における空気の流れ—気流の状態—を検査する際に用いられる気流検査器の発煙管は，火気を使用せずに連続的または断続的に発煙することができ，気流の状態を簡易に管理することができる。

実習では各自が発煙管を開封してその操作方法を習得し，気流状態のチェック方法について体験実習する。

＜原　　　理＞

発煙管はガラス管の中に「四塩化スズ」を吸着させた発煙剤が充てんされている。両端を開封し空気を通じると空気中の水分と反応し，二酸化スズと塩化水素を発生し，白煙を生じる。

＜操 作 方 法＞

まず，発煙管の両端をカットし，ゴム球により空気を通じると白煙を空気中に放出する（図2—9）。

ゴム球の穴を指で押さえてゆっくりつぶすと白煙は細くつながった形状に，急につぶすと塊状に出る

図2—9　気流検査器

留意事項

①　発煙管は目で気流の状態を観察して確認することができるので，局所排気装置のフード開口面における有機溶剤蒸気の吸込み状態を簡単にチェックすることができる。

②　ただし，発煙管から出る煙は刺激があるので吸い込まないように注意すること。

③　有機溶剤等引火性の物質を取り扱う作業現場では，タバコや線香の煙は使用してはならない。

―――＜質問事項＞―――

1　気流検査器が職場に備えつけられていますか？

2　あなた自身で気流検査器を用いてフードの気流状態を点検したことがありますか？

3　局所排気装置等の設置およびその維持管理

　有機溶剤業務の多くは，使用する有機溶剤が蒸発している状態の下で作業が行われることから，発生する有機溶剤蒸気へのばく露をいかにして防止するかが問題となる。

　このための工学的対策は種々考えられるが，環境改善技術として広く使用されているのは局所排気による拡散防止であり（図2—10参照），法令においても第1種および第2種有機溶剤等に係る有機溶剤業務（特別有機溶剤業務を含む）については，発散源の密閉または局所排気装置もしくはプッシュプル型換気装置の設置が義務づけられている（有機則第5条，第6条）。

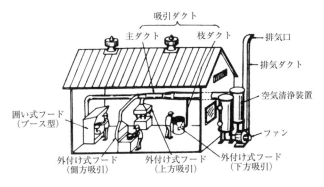

図2—10　局所排気装置（沼野）

　ただし，タンク内作業や建築業での表面積の大きな物の外面塗装作業等のように局所排気を行うことが難しい場合などについては，全体換気と呼吸用保護具を併用する特例が認められている（有機則第7条から第12条，第32条，第33条）。

　以下，有効な換気を実施するに当たっての留意点について述べる。

(1)　制　御　風　速

　制御風速とは，フードで有害物質を完全に捕捉吸引するのに必要な気流の速度で，囲い式またはブース式フードでは，開口面上の点，外付け式フードでは，フード開口面から最も遠い作業位置（捕捉点）での風速である（図2—11参照）。

　有害物が発散源から飛散する初速度と周辺空気の乱れ気流によって制御風速は大きく影響される。このため，局所排気装置の設計は，作業態様をよく観察してから

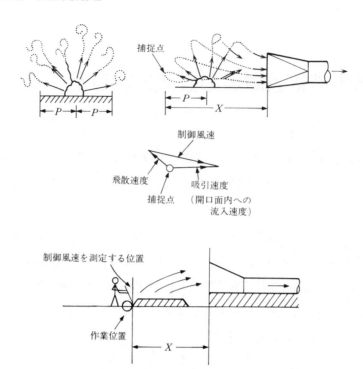

飛散速度　　　　　吸引速度

捕捉点　　　（開口面内への
　　　　　　　　流入速度）

図2—11　制　御　風　速

最適の型式を選択することが大切である。できるだけ発散源をとり囲むようなフードとするのがよい。局所排気装置，プッシュプル型換気装置は，1年以内ごとに1回，定期に自主検査を行うことが事業者に義務づけられており，自主検査の記録は3年間保存しなければならない（有機則第20条，第20条の2，第21条）。その際，制御風速が確保されているかどうかもあわせて検査する必要がある。また，日常の作業開始前に局所排気装置が有効に稼働しているかどうかを点検する際の参考とするため，空気の流れ状況とおおよその速度を煙の流れ方で判断できるような実験を写真で紹介する（図2—12および写真2—1〜写真2—3参照）。

図2—12　発煙管の煙の状態と気流の速度

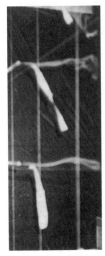

写真2—1　0m/秒　　　　写真2—2　0.2m/秒　　　　写真2—3　0.4m/秒

留意事項

　局所排気装置の性能は，フードの型式によってそれぞれ制御風速が次のように定められている（有機則第16条）。

型　　　　　式		制御風速（メートル/秒）
囲い式フード		0.4
外付け式フード	側方吸引型	0.5
	下方吸引型	0.5
	上方吸引型	1.0

＜質問事項＞

1　制御風速とは，どのような風速ですか？

2　フードはどのような構造が一番適切ですか？

3　有機溶剤取扱い作業では，どのくらいの制御風速が定められていますか？

有機溶剤中毒予防規則

　（第1種有機溶剤等又は第2種有機溶剤等に係る設備）

第5条　事業者は，屋内作業場等において，第1種有機溶剤等又は第2種有機溶剤等に係る有機溶剤業務（第1条第1項第6号ヲに掲げる業務を除く。以下この条及び第13条の2第1項において同じ。）に労働者を従事させるときは，当該有機溶剤業務を行う作業場所に，有機溶剤の蒸気の発散源を密閉する設備，局所排気装置又はプッシュプル型換気装置を設けなければならない。

（第3種有機溶剤等に係る設備）

第6条　事業者は，タンク等の内部において，第3種有機溶剤等に係る有機溶剤業務（第1条第1項第6号ヲに掲げる業務及び吹付けによる有機溶剤業務を除く。）に労働者を従事させるときは，当該有機溶剤業務を行う作業場所に，有機溶剤の蒸気の発散源を密閉する設備，局所排気装置，プッシュプル型換気装置又は全体換気装置を設けなければならない。

②　事業者は，タンク等の内部において，吹付けによる第3種有機溶剤等に係る有機溶剤業務に労働者を従事させるときは，当該有機溶剤業務を行う作業場所に，有機溶剤の蒸気の発散源を密閉する設備，局所排気装置又はプッシュプル型換気装置を設けなければならない。

（屋内作業場の周壁が開放されている場合の適用除外）

第7条　次の各号に該当する屋内作業場において，事業所が有機溶剤業務に労働者を従事させるときは，第5条の規定は，適用しない。

1　周壁の2側面以上，かつ，周壁の面積の半分以上が直接外気に向つて開放されていること。

2　当該屋内作業場に通風を阻害する壁，つい立その他の物がないこと。

（臨時に有機溶剤業務を行う場合の適用除外等）

第8条　臨時に有機溶剤業務を行う事業者が屋内作業場等のうちタンク等の内部以外の場所における当該有機溶剤業務に労働者を従事させるときは，第5条の規定は，適用しない。

②　臨時に有機溶剤業務を行う事業者がタンク等の内部における当該有機溶剤業務に労働者を従事させる場合において，全体換気装置を設けたときは，第5条又は第6条第2項の規定にかかわらず，有機溶剤の蒸気の発散源を密閉する設備，局所排気装置及びプッシュプル型換気装置を設けないことができる。

（短時間有機溶剤業務を行う場合の設備の特例）

第9条　事業者は，屋内作業場等のうちタンク等の内部以外の場所において有機溶剤業務に労働者を従事させる場合において，当該場所における有機溶剤業務に要する時間が短時間であり，かつ，全体換気装置を設けたときは，第5条の規定にかかわらず，有機溶剤の蒸気の発散源を密閉する設備，局所排気装置及びプッシュプル型換気装置を設けないことができる。

②　事業者は，タンク等の内部において有機溶剤業務に労働者を従事させる場合において，当該場所における有機溶剤業務に要する時間が短時間であり，かつ，送気マスクを備えたとき（当該場所における有機溶剤業務の一部を請負人に請け負わせる場合にあつては，当該場所における有機溶剤業務に要する時間が短時間であり，送気マスクを備え，かつ，当該請負人に対し，送気マスクを備える必要がある旨を周知させるとき）は，第5条又は第6条の規定にかかわらず，有機溶剤の蒸気の発散源を密閉する設備，局所排気装置，プッシュプル型換気装置及び全体換気装置を設けないことができる。

（局所排気装置等の設置が困難な場合における設備の特例）

第10条　事業者は，屋内作業場等の壁，床又は天井について行う有機溶剤業務に労働者を従事させる場合において，有機溶剤の蒸気の発散面が広いため第5条又は第6条第2項の規定による設備の設置が困難であり，かつ，全体換気装置を設けたときは，有機溶剤の蒸気の発散源を密閉する設備，局所排気装置及びプッシュプル型換気装置を設けないことができる。

（他の屋内作業場から隔離されている屋内作業場における設備の特例）

第11条　事業者は，反応槽その他の有機溶剤業務を行うための設備が常置されており，他の屋内作業場から隔離され，かつ，労働者が常時立ち入る必要がない屋内作業場において当該設備による有機溶剤業務に労働者を従事させる場合において，全体換気装置を設けたときは，第5条又は第6条第2項の規定にかかわらず，有機溶剤の蒸気の発散源を密閉する設備，局所排気装置及びプッシュプル型換気装置を設けないことができる。

（代替設備の設置に伴う設備の特例）

第12条　事業者は，次の各号のいずれかに該当するときは，第5条又は第6条第1項の規定にかかわらず，有機溶剤の蒸気の発散源を密閉する設備，局所排気装置，プッシュプル型換気装置及び全体換気装置を設けないことができる。

1　赤外線乾燥炉その他温熱を伴う設備を使用する有機溶剤業務に労働者を従事させる場合において，当該設備から作業場へ有機溶剤の蒸気が拡散しないように，発散する有機溶剤の蒸気を温熱により生ずる上昇気流を利用して作業場外に排出する排気管等を設けたとき。

2　有機溶剤が入つている開放槽について，有機溶剤の蒸気が作業場へ拡散しないよう，有機溶剤等の表面を水等で覆い，又は槽の開口部に逆流凝縮機等を設けたとき。

（労働基準監督署長の許可に係る設備の特例）

第13条　事業者は，屋内作業場等において有機溶剤業務に労働者を従事させる場合において，有機溶剤の蒸気の発散面が広いため第5条又は第6条第2項の規定による設備の設置が困難なときは，所轄労働基準監督署長の許可を受けて，有機溶剤の蒸気の発散源を密閉する設備，局所排気装置及びプッシュプル型換気装置を設けないことができる。

②　前項の許可を受けようとする事業者は，局所排気装置等特例許可申請書（様式第2号）に作業場の見取図を添えて，所轄労働基準監督署長に提出しなければならない。

③　所轄労働基準監督署長は，前項の申請書の提出を受けた場合において，第1項の許可をし，又はしないことを決定したときは，遅滞なく，文書で，その旨を当該事業者に通知しなければならない。

第13条の2　事業者は，第5条の規定にかかわらず，次条第1項の発散防止抑制措置（有機溶剤の蒸気の発散を防止し，又は抑制する設備又は装置を設置することその他の措置をいう。以下この条及び次条において同じ。）に係る許可を受けるために同項に規定する有機溶剤の濃度の測定を行うときは，次の措置を講じた上で，有機溶剤の蒸気の発散源を密閉する設備，局所排気装置及びプッシュプル型換気装置を

設けないことができる。

1　次の事項を確認するのに必要な能力を有すると認められる者のうちから確認者を選任し，その者に，あらかじめ，次の事項を確認させること。

イ　当該発散防止抑制措置により有機溶剤の蒸気が作業場へ拡散しないこと。

ロ　当該発散防止抑制措置が有機溶剤業務に従事する労働者に危険を及ぼし，又は労働者の健康障害を当該措置により生ずるおそれのないものであること。

2　当該発散防止抑制装置に係る有機溶剤業務に従事する労働者に送気マスク，有機ガス用防毒マスク又は有機ガス用の防毒機能を有する電動ファン付き呼吸用保護具を使用させること。

3　前号の有機溶剤業務の一部を請負人に請け負わせるときは，当該請負人に対し，送気マスク，有機ガス用防毒マスク又は有機ガス用の防毒機能を有する電動ファン付き呼吸用保護具を使用する必要がある旨を周知させること。

②　事業者は，前項第 2 号の規定により労働者に送気マスクを使用させたときは，当該労働者が有害な空気を吸入しないように措置しなければならない。

第 13 条の 3　事業者は，第 5 条の規定にかかわらず，発散防止抑制措置を講じた場合であつて，当該発散防止抑制措置に係る作業場の有機溶剤の濃度の測定（当該作業場の通常の状態において，法第 65 条第 2 項及び作業環境測定法施行規則（昭和 50 年労働省令第 20 号）第 3 条の規定に準じて行われるものに限る。以下この条及び第 18 条の 3 において同じ。）の結果を第 28 条の 2 第 1 項の規定に準じて評価した結果，第 1 管理区分に区分されたときは，所轄労働基準監督署長の許可を受けて，当該発散防止抑制措置を講ずることにより，有機溶剤の蒸気の発散源を密閉する設備，局所排気装置及びプッシュプル型換気装置を設けないことができる。

②　前項の許可を受けようとする事業者は，発散防止抑制措置特例実施許可申請書（様式第 5 号）に申請に係る発散防止抑制措置に関する次の書類を添えて，所轄労働基準監督署長に提出しなければならない。

1　作業場の見取図

2　当該発散防止抑制措置を講じた場合の当該作業場の有機溶剤の濃度の測定の結果及び第 28 条の 2 第 1 項の規定に準じて当該測定の結果の評価を記載した書面

3　前条第 1 項第 1 号の確認の結果を記載した書面

4　当該発散防止抑制措置の内容及び当該措置が有機溶剤の蒸気の発散の防止又は抑制について有効である理由を記載した書面

5　その他所轄労働基準監督署長が必要と認めるもの

③　所轄労働基準監督署長は，前項の申請書の提出を受けた場合において，第 1 項の許可をし，又はしないことを決定したときは，遅滞なく，文書で，その旨を当該事業者に通知しなければならない。

④　第 1 項の許可を受けた事業者は，第 2 項の申請書及び書類に記載された事項に変更を生じたときは，遅滞なく，文書で，その旨を所轄労働基準監督署長に報告しなければならない。

⑤　第 1 項の許可を受けた事業者は，当該許可に係る作業場についての第 28 条第 2

項の測定の結果の評価が第28条の2第1項の第1管理区分でなかつたとき及び第1管理区分を維持できないおそれがあるときは，直ちに，次の措置を講じなければならない。

1　当該評価の結果について，文書で，所轄労働基準監督署長に報告すること。

2　当該許可に係る作業場について，当該作業場の管理区分が第1管理区分となるよう，施設，設備，作業工程又は作業方法の点検を行い，その結果に基づき，施設又は設備の設置又は整備，作業工程又は作業方法の改善その他作業環境を改善するため必要な措置を講ずること。

3　当該許可に係る作業場については，労働者に有効な呼吸用保護具を使用させること。

4　事業者は，当該許可に係る作業場において作業に従事する者（労働者を除く。）に対し，有効な呼吸用保護具を使用する必要がある旨を周知させること。

⑥　第1項の許可を受けた事業者は，前項第2号の規定による措置を講じたときは，その効果を確認するため，当該許可に係る作業場について当該有機溶剤の濃度を測定し，及びその結果の評価を行い，並びに当該評価の結果について，直ちに，文書で，所轄労働基準監督署長に報告しなければならない。

⑦　所轄労働基準監督署長は，第1項の許可を受けた事業者が第5項第1号及び前項の報告を行わなかつたとき，前項の評価が第1管理区分でなかつたとき並びに第1項の許可に係る作業場についての第28条第2項の測定の結果の評価が第28条の2第1項の第1管理区分を維持できないおそれがあると認めたときは，遅滞なく，当該許可を取り消すものとする。

（送気マスクの使用）

第32条　事業者は，次の各号のいずれかに掲げる業務に労働者を従事させるときは，当該業務に従事する労働者に送気マスクを使用させなければならない。

1　第1条第1項6号ヲに掲げる業務

2　第9条第2項の規定により有機溶剤の蒸気の発散源を密閉する設備，局所排気装置，プッシュプル型換気装置及び全体換気装置を設けないで行うタンク等の内部における業務

②　事業者は，前項各号のいずれかに掲げる業務の一部を請負人に請け負わせるときは，当該請負人に対し，送気マスクを使用する必要がある旨を周知させなければならない。

③　第13条の2第2項の規定は，第1項の規定により労働者に送気マスクを使用させた場合について準用する。

（呼吸用保護具の使用）

第33条　事業者は，次の各号のいずれかに掲げる業務に労働者を従事させるときは，当該業務に従事する労働者に送気マスク，有機ガス用防毒マスク又は有機ガス用の防毒機能を有する電動ファン付き呼吸用保護具を使用させなければならない。

1　第6条第1項の規定により全体換気装置を設けたタンク等の内部における業務

2　第8条第2項の規定により有機溶剤の蒸気の発散源を密閉する設備，局所排気

装置及びプッシュプル型換気装置を設けないで行うタンク等の内部における業務

3　第9条第1項の規定により有機溶剤の蒸気の発散源を密閉する設備及び局所排気装置を設けないで吹付けによる有機溶剤業務を行う屋内作業場等のうちタンク等の内部以外の場所における業務

4　第10条の規定により有機溶剤の蒸気の発散源を密閉する設備，局所排気装置及びプッシュプル型換気装置を設けないで行う屋内作業場等における業務

5　第11条の規定により有機溶剤の蒸気の発散源を密閉する設備，局所排気装置及びプッシュプル型換気装置を設けないで行う屋内作業場における業務

6　プッシュプル型換気装置を設け，荷台にあおりのある貨物自動車等当該プッシュプル型換気装置のブース内の気流を乱すおそれのある形状を有する物について有機溶剤業務を行う屋内作業場等における業務

7　屋内作業場等において有機溶剤の蒸気の発散源を密閉する設備（当該設備中の有機溶剤等が清掃等により除去されているものを除く。）を開く業務

②　事業者は，前項各号のいずれかに掲げる業務の一部を請負人に請け負わせるときは，当該請負人に対し，送気マスク，有機ガス用防毒マスク又は有機ガス用の防毒機能を有する電動ファン付き呼吸用保護具を使用する必要がある旨を周知させなければならない。

③　第13条の2第2項の規定は，第1項の規定により労働者に送気マスクを使用させた場合について準用する。

(2)　継続的な換気の確保

継続的な換気を確保することは，常に必要な換気性能を確保し，作業環境を正常に保ち続けるための基本である。すなわち，換気が連続的に行われることによって，川の流れと同様に空気がよどむことなく汚染物質の清掃を続けていることになるからである。このようにしていったん確保された安全な状態を確保しつづけることができる（有機則第18条第1項）。

──────＜質問事項＞──────
1　継続的な換気を確保することは，なぜ重要ですか？

有機溶剤中毒予防規則

（換気装置の稼働）

第18条　事業者は，局所排気装置を設けたときは，労働者が有機溶剤業務に従事する間，当該局所排気装置を第16条第1項の表の上欄に掲げる型式に応じて，それぞれ同表の下欄に掲げる制御風速以上の制御風速で稼働させなければならない。

（第2項，第3項　略）

④　事業者は，プッシュプル型換気装置を設けたときは，労働者が有機溶剤業務に

従事する間，当該プッシュプル型換気装置を厚生労働大臣が定める要件を満たすように稼働させなければならない。

（第5項以下　略）

(3)　プッシュプル型換気装置

　プッシュプル型換気装置とは，一様な捕捉気流（有害物質の発散源またはその付近を通り，吸込み側フードに向かう気流であって，捕捉面での気流の方向および風速が一様であるもの）を形成させ，当該気流によって発散源から発散する有害物質を捕捉し，吸込み側フードに取り込んで排出する装置である。プッシュプル型換気装置は，労働安全衛生法施行令第15条第9号の厚生労働省令で定めるものの他に，プッシュプル型局所換気装置（開放槽用），プッシュプル型しゃ断装置に分類されるものがある（図2—13）。

留意事項

① 　プッシュプル型換気装置は，一般に局所排気装置に比べて，低い速度で有害物質を捕捉し排出できる反面，吹出し気流と吸込み気流のバランスが重要なことから，その設計，維持管理が重要である。

　プッシュプル型換気装置の構造，性能要件については，平成9年労働省告示第21号（改正平成12年12月25日，平成12年労働省告示第120号）および昭和54年基発第645号（改正平成16年3月19日）に示されている（有機則第16条の2）。

② 　平成9年労働省告示第21号に基づくプッシュプル型換気装置は，ブースの有無により開放式のプッシュプル型換気装置（図2—14（a））と密閉式のプッシュプル型換気装置（図2—14（b））に分類され，また，昭和54年基発第645号に基づくプッシュプル型換気装置には，有害な化学物質の液体または溶剤が入っている開放槽の開口部に吹出し・吸込みフードを設置するプッシュプル型局所換気装置（図2—15）とプッシュプル型しゃ断装置（図2—16）がある。

③ 　有機溶剤業務に従事する作業者が，有機溶剤の蒸気の発散源から吸込み側フードへ流れる空気を吸入するおそれがない構造にする必要がある。

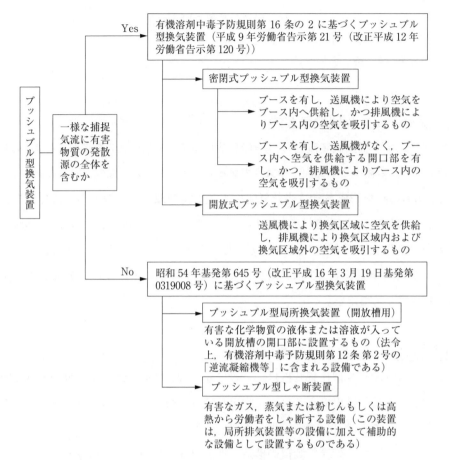

図2—13　プッシュプル型換気装置の分類

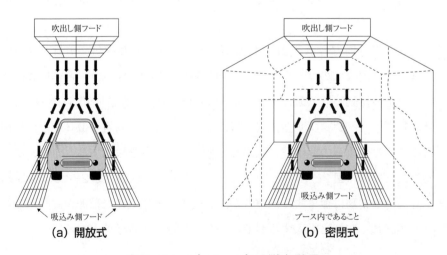

(a) 開放式　　　　　　　　(b) 密閉式

図2—14　プッシュプル型換気装置

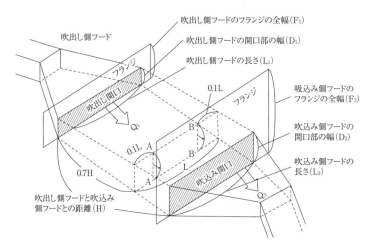

図2—15 プッシュプル型局所換気装置

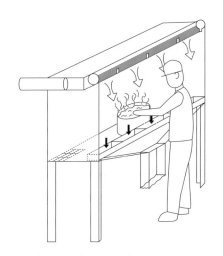

図2—16 プッシュプル型しゃ断装置

≪質問事項≫

1 プッシュプル型換気装置とは，どのようなものですか？

2 プッシュプル型換気装置にはどのような種類がありますか？

有機溶剤中毒予防規則

（プッシュプル型換気装置の性能等）

第16条の2 プッシュプル型換気装置は，厚生労働大臣が定める構造及び性能を有するものでなければならない。

⑷　ポータブル（可搬式）換気装置

　ポータブル換気装置（図2—17参照）は，出張作業または移動作業等において，機械力によってタンク内等通風の不良な場所の空気を交換するのに大きな効力を発揮する。ただ，使い方を誤るとその効果は半減する。

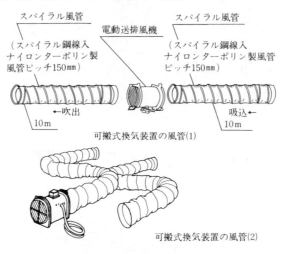

スパイラル風管

電動送排風機

スパイラル風管

（スパイラル鋼線入ナイロンターポリン製風管ピッチ150mm）

（スパイラル鋼線入ナイロンターポリン製風管ピッチ150mm）

←吹出

吸込←

10m

10m

可搬式換気装置の風管(1)

可搬式換気装置の風管(2)

図2—17　ポータブル換気装置

　例えば，出力1.5kW，回転数が毎分2,800～2,900回，口径400mmのポータブル換気装置の場合，風管の長さとともに風量は減少する（表2—5参照）。

表2—5　ポータブル換気装置の風管の長さと風量

風管の長さ（m）	0	5	10	15	20
吐出風量（m³/分）	100	90	80	70	60

留意事項

①　風管がないときには，毎分100m³の送風能力があるファンであっても20mの風管を接続すると送風できる空気量は，毎分60m³に減少してしまう。

②　また，フレキシブルダクトと同一直径の丸管との圧力損失を比較した結果は，図2—18のグラフのように，同じ風速でのフレキシブルダクトの圧力損失は，金属製の丸管に比べてかなり高い。このため同じ風速でも圧力損失が2～3倍にもなり，吸引力もそれだけ弱まってしまう。

　フレキシブルダクトは，取扱いが容易であるため広く普及しているが，長期間連続して使用するには，設備費および運転経費の合計で比較するとフレキシブルダクトのみの場合よりもフレキシブルダクトと金属丸管とを適正に組み合わせた方がはるかに経済的な場合もある。

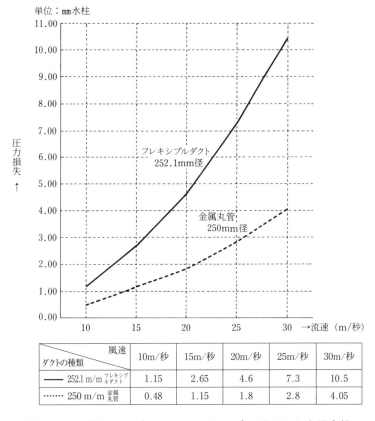

図2—18　長さ1m当たりのフレキシブルダクトと金属丸管
との圧力損失の比較（252.1 m/m 径と 250 m/m 径）

風速 ダクトの種類	10m/秒	15m/秒	20m/秒	25m/秒	30m/秒
─── 252.1 m/m フレキシブルダクト	1.15	2.65	4.6	7.3	10.5
‥‥‥ 250 m/m 金属丸管	0.48	1.15	1.8	2.8	4.05

　　フレキシブルダクトは，内面にじんあいがたい積しやすく，粉じんの多い職
場では，内部の清掃が困難であるという欠点がある。

≪質問事項≫

1　フレキシブルダクトを局所排気装置のダクトとして使用していますか？
2　どのような場所にフレキシブルダクトを使用していますか？
3　長期間使用する固定的な設備ならば，直線部分は，金属丸管に取り替えた方が
運転コストも経済的になることを知っていますか？

＜計　算　例＞

問　地下タンクの内壁の塗装工事のためにファンの直径が 40 cm あるポータブル
　ファンを使用するので，銘板を見ると 100 m³/分と明記されていたが，風管を
　15 m 伸ばす必要があった。
　　実際には，何 m³/分の空気量が送られるでしょうか？

答　70 m³（表2—5 参照）

⑸　全体換気装置

　全体換気とは，作業場に屋外の新鮮な空気を定常的に流入させて有機溶剤の蒸気を含む汚れた空気と混合希釈しながら換気する方法である。別名，希釈換気法ともよばれる。

　全体換気には，2つの方法がある。1つは，室内外の温度差による空気の対流や屋外の自然風を利用した自然換気（下図参照）であり，もう1つは，換気扇や電動ベンチレーターを使用した機械換気である。

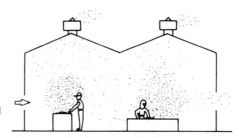

※風下側に立つと高濃度の有機溶剤
　蒸気にさらされる危険がある。

　前者は定常性に欠ける欠点があり，後者は定常性が期待できる特徴がある。

　全体換気は，タンク内作業や屋内の壁，天井や床面等の塗装作業のように局所排気を行うことが難しい場合や有害性の低い溶剤を使用している場合，あるいは局所排気で取りきれなかったわずかな量の溶剤に対して，やむをえず使用する場合が多い。

　しかし，全体換気は作業場全体の空気を入れ替える必要があり，局所排気に比べ換気効率が著しく劣るので，有機溶剤業務に応じて送気式マスク，有機ガス用防毒マスクまたは有機ガス用の防毒機能を有する電動ファン付き呼吸用保護具を作業者に着用させることを条件としてその使用が認められている（有機則第8条第2項，第9条第1項，第10条，第11条，第32条および第33条）。

　自然換気では計画的な換気量の確保は不可能であり，機械換気にしても危険のない濃度まで下げることは困難であるため，第1種または第2種有機溶剤等を取り扱う作業（特別有機溶剤業務を含む）では全体換気だけに頼ってはならず，密閉または局所排気の補助として用いるのがよい。

留意事項

　①　いろいろな種類の有機溶剤を取り扱う場所では，一番厳しい条件になる有機
　　　溶剤を使用するものとして設備の設計をしなければならない。
　②　全体換気採用時は以下のことに留意する必要がある。

⑦　空気が入る口（入気口）と出る口（排気口）は，できる限り数を多くすること。

⑫　排気口から外部に出た気流が入気口から再び入ることのないようにすること。

⑥　作業者が有機溶剤を含んだ汚染空気にばく露されないように，作業者の位置は，できる限り新鮮な空気が送気されている付近に位置できるようにすること。

⑭　有機溶剤蒸気が作業場全体に拡散しないように，発散源となる設備，機械等はできる限り排気口の近くになるようにすること。

⑯　全体換気装置の排風機には，軸流型換気扇が使用されることが多いが，この風量については，換気扇の性能曲線等によって静圧に応じた風速がわかる場合を除き換気扇の風量は，次によること。

換気扇の大きさ(cm径)	15	20	25	30	40	50
風　　　量　（m³/分）	3	5	8	13	25	40

⑯　冬期は，寒い外気が作業者に直接吹きかからないように注意すること。

≪質問事項≫

1　有機溶剤業務を行う場所に効果のある局所排気装置の設置が義務づけられているのはなぜですか？

2　設備の特例で全体換気をする場合の全体換気の性能で注意すべき点は何ですか？

＜計　算　例＞

問　1分間に第2種有機溶剤10gを消費する作業場では，直径何cmの換気扇を使用しなければなりませんか？

答　第2種有機溶剤の消費量　W＝1分間あたり 10g
　　　　　　　　　　　　　　＝1時間当たり 600g
　　必要な換気量　　　　　　$Q = 0.04 \times 600 = 24 \, \text{m}^3/\text{分}$
　　必要な換気扇の大きさ　　直径　40cm

有機溶剤中毒予防規則

（全体換気装置の性能）

第17条　全体換気装置は，次の表の上欄〈編注：左欄〉に掲げる区分に応じて，それぞれ同表の下欄〈編注：右欄〉に掲げる式により計算した1分間当りの換気量（区

分の異なる有機溶剤等を同時に消費するときは，それぞれの区分ごとに計算した
１分間当りの換気量を合算した量）を出し得る能力を有するものでなければなら
ない。

消費する有機溶剤等の区分	１分間当りの換気量
第１種有機溶剤等	$Q = 0.3W$
第２種有機溶剤等	$Q = 0.04W$
第３種有機溶剤等	$Q = 0.01W$
この表において，Q及びWは，それぞれ次の数値を表わすものとする。 Q　１分間当りの換気量（単位　立方メートル） W　作業時間１時間に消費する有機溶剤等の量（単位　グラム）	

②　前項の作業時間１時間に消費する有機溶剤等の量は，次の各号に掲げる業務に
応じて，それぞれ当該各号に掲げるものとする。
1　第１条第１項第６号イ又はロに掲げる業務　作業時間１時間に蒸発する有機溶
剤の量
2　第１条第１項第６号ハからへまで，チ，リ又はルのいずれかに掲げる業務　作
業時間１時間に消費する有機溶剤等の量に厚生労働大臣が別に定める数値を乗じ
て得た量
3　第１条第１項第６号ト又はヌのいずれかに掲げる業務　作業時間１時間に接着
し，又は乾燥する物に，それぞれ塗布され，又は付着している有機溶剤等の量に
厚生労働大臣が別に定める数値を乗じて得た量
（第３項　略）

⑹　メンテナンスの必要性

　メンテナンス（保全）とは，装置を長期間にわたって初期の使用状態と同じ性能
を保つための活動である。このため，一定期間ごとに検査を行って異常を早期に発
見し，低下した性能の回復を図り，所定の機能を維持していることを確認すること
が必要である。このような検査は，事業者の義務として１年以内ごとに定期自主検
査を実施することが規定され，これらの記録は３年間保存しなければならない（有
機則第20条，第20条の2，第21条）。さらに，１カ月を超えない期間ごとに点検す
ることが作業主任者の職務となっている（有機則第19条の２第２号，㊵特化則第28
条第２号）。

　局所排気装置の性能の低下が起こりやすい部分を日常的に重点的に点検すること
がポイントである。局所排気装置の性能は，使用時間の経過とともにフード，ダク
トその他の構造部分の摩耗，腐食，くぼみその他の損傷やダクト，ファンへの粉じ
ん等のたい積，振動によるボルト，ナットのゆるみ，ダクトのはんだのはく離によ
って生じた隙間などがある。さらに，電動機と連結しているベルトのゆるみによる

ファン回転数の低下，注油不足による過熱等がある。

留意事項

① 作業主任者が行う局所排気装置等の点検項目は規定されていないが，具体的な点検作業を自主的に作成された点検リスト（表2—6〜表2—8参照）を使用して実施することが望まれる。

点検のキーポイントは，次のとおりである。

イ　点検の目的は，運転状態の把握にある。

ロ　少なくとも1カ月に1回は点検を行う。

ハ　装置の全般的性能は，設計仕様どおりかどうかを把握する。

ニ　設備の各部の作動状況を漏れなく点検する。

ホ　不都合な点の発見の仕方を身につけて毎日実行する。

ヘ　不都合な点の速やかな改善手続をとる。

ト　指定された検査用具のうち，日常点検に活用できるものは，使用方法を習熟しておく。

② 自主点検に必要な機器等は次のとおりである。

イ　風の方向や風速を目視するための気流検査器（スモークテスター）

ロ　ダクトを外からたたいた音で粉じんのたい積状況を判断するための木または竹の棒

ハ　点検用チェックリスト

≪質問事項≫
1　局所排気装置の性能を常に良好に保つためには，どのようなことが一番大切ですか？
2　標準化された日常の点検リストを完備していますか？

表2—6　作業主任者による局所排気装置の点検リスト例（チェックリスト—1）

点検対象部分の名称	点　検　項　目	点検の要点，注意事項ならびにコメント
フード	フードの構造および摩耗，腐食，くぼみ等の状態	メジャーでフードの寸法および組立て状態を調べ，寸法およびフランジ，バッフル板等が届出の状態に保たれていること。 フードの表面の状態を調べ，吸気の機能を低下させるような摩耗，腐食，くぼみその他損傷，腐食の原因となるような塗装等の損傷がないこと。 フード内部の状態を調べ，粉じんやミスト等のたい積物，吸込口に粉じんやミスト等による閉塞がないこと。
	吸い込み気流の状態およびそれを妨げる物の有無	フードの開口面付近に，所期の吸い込み気流を妨げるような柱，壁等の構造物がないこと。 フードの開口面付近に，作業中の器具，工具，被加工物，材料等が，所期の吸い込み気流を妨げるような置き方をされていないこと。 局所排気装置を作動させ，気流検査器を用いて，フード開口面や捕捉点での煙がフード外に流れず，または滞留せず，フード内に吸い込まれること。また，外気，扇風機，電動機の冷却ファン等による乱れ気流の影響のないこと。
	レシーバ式フードの開口面の向き	作業が定常的に行われているときの発散源から飛散する有害物がフード外に飛散せず，フードに吸い込まれること。
	塗装用ブース等のフィルタ等の状態	塗装用ブース（水洗式のものを除く。）等で，フードにフィルタが使用されているものについては，その汚染，目詰まりがないこと，フィルタに捕集能力を低下させるような破損がないこと。 水洗式の塗装用ブースで，壁面に水膜を形成させて塗料の付着を防ぐ方式のものについては，壁面全体が一様に濡れていること。 水洗式の塗装用ブースの塗料のかすの浮遊および鋸歯状板への塗料の付着が，一様なシャワーの形成および吸引性能に影響を及ぼさないこと。 水洗式の塗装用ブースで，洗浄水を循環させるためにポンプを使用しないものについては，洗浄室内の水量が，停止状態で水面の高さが設計値の範囲内にあり，作動時には一様なシャワーが形成されること。

ダクト	摩耗 厚みを測定する	元の状態との比較をする。 正確な元の状態の記録が保管されていることが第一である。 厚みを測定するためには，適切な測定器が必要であり，目視による判断は困難である。ただし，日常点検では，定期検査の間に摩耗が進んでいないかをチェックするのが大切なことである。
	腐食	目視によって金属材料が腐食しやすい場所を指摘しておく。 腐食したらどのような状態になり，どのような色あいになるかを学習しておくことが必要である。
	くぼみ	くまなく目視により確認する。 くぼみの原因の多くは何かがぶつかるなど物理的なものである。 原因が特定の作業によったものであることが明らかな場合は，その作業を行う場合に注意させるようにし，ガードプレートの手配をする。
	その他の損傷およびその程度	ペンキの剥がれなどは直ちに元の色に近いスプレーペイントで応急措置しておく心掛けが必要である。 保全の専門家の手助けが必要なものは，関係者に的確に伝わるよう日常の連絡システムを準備しておくことが大切である。 その他:フランジ接続方式の場合 ①ボルトのゆるみや欠落 ②パッキンの欠損など
	接合部からの空気漏れ	気流検査器で煙の吸い込みがないか調べる。
	たい積状態 外部 内部	①くぼみなどにたい積するがダクトの上面は見にくいので定期的に点検できるようなはしごや通路を利用する。 ②側面には問題になるほどのたい積はないが，接合部からの吹出しなどによりたい積がみられたら，放置せず対策を取ること。 ①外部から判定するには，竹か木の棒で軽くたたき音で判断する。 ②肉眼で観察するには，検査口，検査窓からのぞく。

表2—7　作業主任者による局所排気装置の点検リスト例（チェックリスト—2）

点検対象部分の名称	点　検　項　目	点検の要点，注意事項ならびにコメント
ファン	摩耗	分解して点検する。 日常的には音の変化から推定する。
	腐食，くぼみ	小型のものなら，作業者の手で分解し，内部を清掃するようにしておくと，構造の理解が容易になり，また好ましい習慣が身につく。
	その他の損傷およびその程度	定期的な同じ機器の内部を観察することによって正確な判断力が身につく。
	たい積状態 外部	日常的に清掃しているにもかかわらず，たい積するときは，室内の粉じんの発散源を点検し，対策の必要性の有無を検討すること。
	内部	停止させ分解し，たい積状態を点検する。 小型の排風機ならば，作業者の手で分解し，内部を清掃することも作業の一部としておくと構造上の理解とともに保全について正しい習慣が身につく。 定期的に同じ機器の内部を観察することによって正しい判断力がつくものである。
電動機とファンを連結するベルト	たるみ	ベルトの若干のたるみは必要である。どの程度のたるみが必要かは，設備ごとに異なるので専門家に最初の正しいセットをしてもらうこと。 以後は，作業者の立場で，何cmたるんだら締め直すなどを取り決めて，点検リストに書き込んでおくなど日常的にベルト観察の鋭い目を育成すること。
	滑り	ファンが空回りし始めている状態である。 放置しておくと，発熱して火災の危険もある。 ベルトが高速度で動いているから経験が豊かでないと気づかない。 工場内で空回りしながら稼動しているベルトを観察させて経験を積ませることも必要である。 起こりやすい原因 ①プーリーの溝の形状とベルトの形状とが一致していない。 ②多数掛けベルトの型と張り方の不揃い。

表2—8　作業主任者による局所排気装置の点検リスト例（チェックリスト—3）

点検対象部分の名称	点　検　項　目	点検の要点，注意事項ならびにコメント
電動機とファンを連結するベルト	滑り	電動機の正しい回転速度とファンの正しい回転速度を最初据えつけたときに記録しておき，日常的にこれらの回転数を測定できるようにしておけば，ファンが滑り始めるとみかけ上は回転していても回転数が低下し始めていることによって発見できる。
	切断 （機器を停止して，確認し，間違いが起こらぬように手配してスペアベルトと取り換えること。）	普通ベルトは何本かを使用する。（多本型）そのうちの1本が切断しても，全体的な性能には影響がないように設計されている。ベルトが切断されると何らかの音がしたり，音が変わるなどの変化があるものである。ベルトが切断していたなら適当な時期にファンを停止させ，安全を確かめながら取り替える。
	部分的な摩耗擦りきれなど	運転中のベルトの点検は困難である。機器が停止した時に観察する。
排気能力	適否	排気している場所は，近くでは見えない場所であることが多い。遠くから排気を観察すると，排気が目に見えるような状態になっていることがある。もしも見えるならば，詳しく調査する。高濃度のものが排気されている。
	排気がかげろうのように見える	①発散源を探す。→特に変化はないか？ ②空気清浄装置に異常はないか，詳しく点検する。
以上のほか性能を保持するために必要な事項	ダンパー空気の流路の切替弁逆止弁防火弁等	開度調節がスムーズに動くか？作動は良好か確認する。
	点検口，掃除口，測定口	開閉機能は正常か？

労働安全衛生法施行令

（定期に自主検査を行うべき機械等）

第15条　（略）

　1—8　（略）

　9　局所排気装置，プッシュプル型換気装置，除じん装置，排ガス処理装置及び排液処理装置で，厚生労働省令で定めるもの

（以下　略）

有機溶剤中毒予防規則

（局所排気装置の定期自主検査）

第20条　令第15条第1項第9号の厚生労働省令で定める局所排気装置（有機溶剤業務に係るものに限る。）は，第5条又は第6条の規定により設ける局所排気装置とする。

②　事業者は，前項の局所排気装置については，1年以内ごとに1回，定期に，次の事項について自主検査を行わなければならない。ただし，1年を超える期間使用しない同項の装置の当該使用しない期間においては，この限りでない。

　1　フード，ダクト及びファンの摩耗，腐食，くぼみその他損傷の有無及びその程度

　2　ダクト及び排風機におけるじんあいのたい積状態

　3　排風機の注油状態

　4　ダクトの接続部における緩みの有無

　5　電動機とファンを連結するベルトの作動状態

　6　吸気及び排気の能力

　7　前各号に掲げるもののほか，性能を保持するため必要な事項

③　事業者は，前項ただし書の装置については，その使用を再び開始する際に，同項各号に掲げる事項について自主検査を行わなければならない。

（プッシュプル型換気装置の定期自主検査）

第20条の2　令第15条第1項第9号の厚生労働省令で定めるプッシュプル型換気装置（有機溶剤業務に係るものに限る。）は，第5条又は第6条の規定により設けるプッシュプル型換気装置とする。

②　前条第2項及び第3項の規定は，前項のプッシュプル型換気装置に関して準用する。この場合において，同条第2項第3号中「排風機」とあるのは「送風機及び排風機」と，同項第6号中「吸気」とあるのは「送気，吸気」と読み替えるものとする。

（記　録）

第21条　事業者は，前二条の自主検査を行なつたときは，次の事項を記録して，これを3年間保存しなければならない。

　1　検査年月日

　2　検査方法

　3　検査箇所

　4　検査の結果

　5　検査を実施した者の氏名

　6　検査の結果に基づいて補修等の措置を講じたときは，その内容

(7)　吸込み気流と吹出し気流

　吸込みの直径と同じだけ離れた位置の風速は，吸込み口の風速の10分の1に低下する。

　一方，吹出し気流の速度は，吹出口の直径の30倍離れた位置でも吹出口における速度の10％もの速度があり，吸込みの場合と比べ遠方まで空気の流れが保たれている（図2—19参照）。

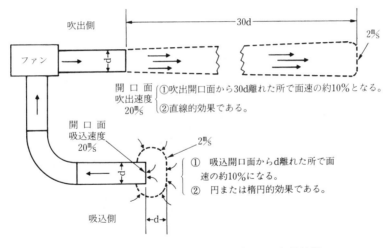

図2—19　吸込み気流と吹出し気流の流動特性

留意事項

　吸入速度の減速は，吹出速度の減速に比較し著しく大きい。このことは，フード開口面を有機溶剤蒸気の発生源にかなり接近させなければ，効果が期待できないということである。

　また，暑熱対策として大型換気扇を使用している場合，または外気の通風によって吸引気流が乱され局所排気装置，プッシュプル型換気装置が有効に働かなくなる点に留意しなければならない（有機則第18条第8項）。

> **有機溶剤中毒予防規則**
> （換気装置の稼働）
> 第18条 （略）
> ⑧ 事業者は，局所排気装置，プッシュプル型換気装置又は全体換気装置を設けた
> ときは，バッフルを設けて換気を妨害する気流を排除する等当該装置を有効に稼
> 働させるために必要な措置を講じなければならない。

(8) タンク内作業と換気の方法

　タンク内の有機溶剤業務（有機則第26条）（タンク内の特別有機溶剤業務を含む）は，タンクの周囲が密閉されていて風通しが悪く外からは見えないという危険な作業場であるため，有機溶剤中毒と酸素欠乏症の二重の危険にさらされているおそれがある。

　このような作業場において，もし，事故が起きると非常に連絡が取りにくいうえに避難にも困難が伴う。さらに，建設業においては，足場を使用してのタンク内作業で，中毒により墜落などによる重大な結果を招くという危険もある（第7章災害事例5参照）。

　このような危険を避けるために，まず安全な作業手順の遵守が第一であり，タンク内の空気を新鮮な空気で常に換気して有機溶剤の気中濃度を安全なレベルにまで低下させるとともに酸素濃度を正常に保つことが大切である。

　タンク内換気の方法には，自然換気と機械的な強制換気とがある。タンク内作業の際には，常に機械的な強制換気によって安全を確保することが第一であり，決して自然換気をあてにしてはならない。

　外部からの大容量の換気用空気を送風することによって，新鮮な空気を内部まで奥に向って送り込んで換気する方が，タンク内部にファンを設置して排風する方法より，同一動力消費量でも換気できる空気の量がはるかに多く，タンク内空気の効果的な換気ができる。

留意事項

① 　有機溶剤が入っていたタンクに人が入るには，1分間当たり少なくともそのタンクの容量の3倍の空気量を送気または排気するか，またはタンクに水を満たし，その水を排出した後，送気マスクを着用する必要がある（有機則第26条第6号ハ，第32条第1項第2号）。

② 　一方，タンク内の塗装作業のように有機溶剤を消費する作業に労働者を従事させる場合には，次の表に表示する有機溶剤等の区分と作業時間1時間に消費する有機溶剤の量（W）に見合う1分間当たりの換気量を効果的に送排風しなければならない（有機則第17条）。

消費する有機溶剤等の区分	1分間当たりの換気量
第1種有機溶剤等	Q＝0.3W
第2種有機溶剤等	Q＝0.04W
第3種有機溶剤等	Q＝0.01W
この表において，Q及びWは，それぞれ次の数値を表すものとする。 Q：1分間当たりの換気量（単位　立方メートル） W：作業時間1時間に消費する有機溶剤等の量（単位　グラム）	

　タンク内作業や通風が不十分な屋内作業場内部で有機溶剤業務を行う場合は，全体換気のためにポータブル換気装置を使用することが多いが，風管先端は，できるだけ奥まで挿入して気流が全体に行きわたるようにすること（図2-20参照）。

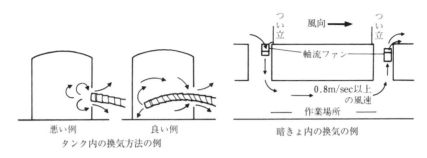

悪い例　　　　良い例
タンク内の換気方法の例

暗きょ内の換気の例

図2-20　タンク内作業等の換気

─≪質問事項≫─

1 有機溶剤が入っていたタンク内部での作業には，どのような危険が考えられますか？

2 あなたがタンク内有機溶剤取扱作業を監督する場合には，どのような準備と監督をしますか？

<計 算 例>

問 1分間に第2種有機溶剤10gを消費する作業場（壁・天井について行う塗装作業）で，必要な全体換気量はいくらですか？

答 $Q=0.04×10×60=24m^3/分$

有機溶剤中毒予防規則

（タンク内作業）

第26条 事業者は，タンクの内部において有機溶剤業務に労働者を従事させるときは，次の措置を講じなければならない。

1 作業開始前，タンクのマンホールその他有機溶剤等が流入するおそれのない開口部をすべて開放すること。

2 当該有機溶剤業務の一部を請負人に請け負わせる場合（労働者が当該有機溶剤業務に従事するときを除く。）は，当該請負人の作業開始前，タンクのマンホールその他有機溶剤等が流入するおそれのない開口部を全て開放すること等について配慮すること。

3 労働者の身体が有機溶剤等により著しく汚染されたとき，及び作業が終了したときは，直ちに労働者に身体を洗浄させ，汚染を除去させること。

4 当該有機溶剤業務の一部を請負人に請け負わせるときは，当該請負人に対し，身体が有機溶剤等により著しく汚染されたとき，及び作業が終了したときは，直ちに身体を洗浄し，汚染を除去する必要がある旨を周知させること。

5 事故が発生したときにタンク内部の労働者を直ちに退避させることができる設備又は器具等を整備しておくこと。

6 有機溶剤等を入れたことのあるタンクについては，作業開始前に，次の措置を講ずること。

　イ 有機溶剤等をタンクから排出し，かつ，タンクに接続するすべての配管から有機溶剤等がタンクの内部へ流入しないようにすること。

　ロ 水又は水蒸気等を用いてタンクの内壁を洗浄し，かつ，洗浄に用いた水又は水蒸気等をタンクから排出すること。

　ハ タンクの容積の3倍以上の量の空気を送気し，若しくは排気するか，又はタンクに水を満たした後，その水をタンクから排出すること。

7 当該有機溶剤業務の一部を請負人に請け負わせる場合（労働者が当該有機溶剤業

務に従事するときを除く。）は，有機溶剤等を入れたことのあるタンクについては，当該請負人の作業開始前に，前号イからハまでに掲げる措置を講ずること等について配慮すること。

第3章

作業管理

この章で学ぶ主な事項

□有機溶剤中毒を防ぐ適正な作業方法の維持のための作業管理の進め方

□適正な作業方法を維持するための作業点検，作業標準等

□有機溶剤中毒を防ぐための労働衛生保護具の選択と使用の方法

1　作業管理の進め方

　作業環境中の有機溶剤による労働者の健康障害の防止は，作業環境管理によって作業環境を適正な状態に保ち環境中の有機溶剤の平均的な濃度を減少させることと，作業者の作業姿勢や作業行動を適正にし，個人的なばく露を防止する作業管理とがあいまって達成できるものである。すなわち，適正な作業標準の設定・教育，適正な作業方法の決定・指導および作業強度，勤務態様などの改善によって有機溶剤に対する過度のばく露を防止するための作業管理が必要である。

(1)　適正な作業方法の決定に当たっての留意事項

　よく見受けられる例として，局所排気装置が設置されているが，作業者が吸引気流にさらされながら作業を行っている場合がある。その他，作業の性質上高濃度ばく露が避けられない場合等がある。

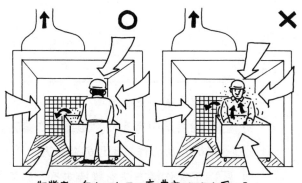

作業者の向きによっては高濃度ばくろを受ける

　このため，作業主任者に「作業に従事する労働者が有機溶剤（または特定化学物質）により汚染され，又はこれを吸入しないように，作業の方法を決定し，労働者を指揮すること」（有機則第19条の2第1号，㊱特化則第28条第1号）を重要な任務の一つとして規定している。

　一例として，有機溶剤中毒発生の多い建設物の内部の出張吹付け塗装作業について考えると，作業方法の決定に当たっての留意事項は次のようになる。

イ　準　備　作　業

ポ　イ　ン　ト	留　意　事　項
(イ)　仕様書の確認	①　塗装方法，使用材料等を確認する。
(ロ)　作業場所の確認	①　作業場所が通風十分な場所か，通風不十分な場所かを事前に窓等の設置状況を調査して確認する。この場合，窓等に対する目張りの実施の有無を考慮して検討する。
(ハ)　使用する塗料の有機溶剤成分の確認	①　有機溶剤の主成分および区分（第1種～第3種）を確認する。確認に当たっては，容器に貼付してある表示に留意する（法第57条）。
(ニ)　塗装条件の決定	①　塗装の種類（下塗り，上塗り等）に応じたエアの圧力，塗料吐出量および塗料シンナーの希釈割合等を決定する。 ②　エアによる塗料霧化であるため，塗装条件によっては，塗料の損失が大きく，塗装者へのばく露が増大する危険がある。
(ホ)　塗料の使用量および有機溶剤の消費量の算定	①　塗装方法，塗装面積等から推計する。 ②　有機溶剤中毒予防規則の適用が除外されるのは，屋内作業のうち通風が十分である場所で有機溶剤業務に労働者を従事させる場合には作業時間1時間当たりに消費する有機溶剤等の量が，また，タンク等の内部で当該業務に労働者を従事させる場合には1日に消費する有機溶剤等の量が，所定の計算式によって得られた値を超えないときである（有機則第2条第1項）。 ③　上記②における消費する有機溶剤等の量は，有機溶剤を取り扱う業務により，また，有機溶剤含有物の区分に応じ，厚生労働大臣が定める数値（「有機溶剤等の量に乗ずべき数値を定める等の件」昭47.9.30労働省告示第122号，最終改正令6.4.10厚生労働省告示第187号）を乗じて得た量である（有機則第2条第2項，参考資料の1（1）参照）。
(ヘ)　機械，工具の選定，点検	①　塗装条件に応じ調整ができるスプレーガンを選定する。 ②　点検を実施し，異常の有無を確認する。
(ト)　保護具の選定	①　送気マスクまたは有機ガス用防毒マスク等，不浸透性の保護衣，保護帽等を作業者の人数分以上確保する（有機則第33条の2，安衛則第594条）。 ②　異常発生に備え，作業場所に応じた救急用具を準備する。
(チ)　可搬式換気装置の選定	①　ファンは，作業時間1時間に消費する有機溶剤の量をもとに算出した換気量を出し得る性能のものを使用する。ファンの性能は性能曲線から計算して使用の可否を決める。 ②　ダクトの長さ，曲り等によりファンの風量は著しく減少することに留意する。
(リ)　作業主任者の職務範囲の確認	①　2人以上の作業主任者を選任したときは，職務分担を明確にする。
(ヌ)　実施事項について，監督者の確認	①　策定した作業方法等は，監督者，衛生管理者に報告し了解を受けた後，決定すること。
(ル)　作業前のミーティングの実施	①　新規作業者をチェックする（氏名，健康状態等）。 ②　作業分担を決め，方法，手順を作業者全員で確認する。 ③　作業前に予想される危険について周知させ，異常発生の際の措置を確認する。

ポイント	留　意　事　項
(ヲ) チェックリストによる点検の実施	④ 各作業者の当日の健康状況をチェックする。 ① 機械・工具，労働衛生保護具等について点検する。

ロ　本　作　業

ポイント	留　意　事　項
(イ) 有機溶剤等材料の保管場所の設定	① 材料は，通風のよい，直射日光を避けた，自然光の入る場所に置く（凹地は避けること）。 ② 容器は重ね積みを避けて1カ所に集める。 ③ 火気厳禁の表示および関係労働者以外の者が立ち入ることを防ぐ設備を設ける（有機則第35条，㊙特化則第25条第4項）。 ④ 消火器を設置する。 ⑤ 作業場所には，必要以上の塗料は置かない。
(ロ) 吹付け材料の調合	① 調合表と対比しながら材料を正確に計量する。 ② 屋内で調合する場合は，換気装置を稼働させる。 ③ 空容器は，密閉するか屋外の一定場所に集めておく（有機則第36条）。
(ハ) 吹付け機器の点検	① エアホースはジョイントでスプレーガンに固く締めつける。 ② 塗料タンク等の空気孔が詰まっていないことを確認する。
(ニ) 下地調整	① 下地を十分に清掃し，不良箇所がないことを確認する。
(ホ) 取合い部分の養生	① ビニールテープ等で養生する。
(ヘ) 換気装置の稼働	① 吸排気口は，短絡しないような位置に設けること。 ② 作業場所の通風状態が適切であるかどうかを漏風試験器（スモークテスター）を用いて点検する。 ③ 作業中および作業中断中も換気を継続する（有機則第18条第1項）。
(ト) 保護具の装着	① マスクの排気口を手のひらで押さえ，マスクの周囲から息が抜けないか確かめるなどして，きちんと装着していることを確認する。 ② 吸収缶の有効時間に注意して，余裕をもって新品と交換する。
(チ) シーラー（プライマー）塗り	① ムラのないように塗る。
(リ) ベース（サーフェーサー）の吹付け	① スプレーガンと被塗装物の距離を適正に保持し，定められた空気圧で吹付けをする。 ② ビニールやシート等を用いて吹付け塗料が飛散しないようにする。 ③ 塗装に際しては，圧縮空気の中に含まれている油や水は空気清浄器を用いて除去する。
(ヌ) 上塗り	① 作業場所に塗料をこぼした場合は，ただちに布等で拭きとり，汚染した布は屋外の容器等に入れておく。なお，酸化乾燥して硬化するアルキッド樹脂系塗料は塗料の染み込んだ布等を山積みにしたり，容器にまとめて入れたり，ビニール袋に入れて放置したりすると，発火することがある。アルキッ

ド樹脂系塗料は，水を十分に入れた容器内に沈めてふたをし，水が蒸発しないように注意する。
②　皮膚に付着した塗料は，ただちに洗い落とす。この場合，シンナーによる手洗い等は避ける。

ハ　後始末作業

ポ イ ン ト	留 意 事 項
(イ)　塗料，溶剤の片付け	①　残材を整理し，同一の物は缶に収納して密閉し，所定の場所に保管する。 ②　有機溶剤等の使用量および残量を確認する。
(ロ)　換気装置の稼働停止	①　塗装後の残留有機溶剤蒸気を除去するため，作業終了後一定時間稼働させる。
(ハ)　工具類の後始末	①　コンプレッサー等は，配線を撤去し所定場所に収納する。 ②　スプレーガンは，シンナーを通して内部の塗料を除去する。 ③　塗料ホース等に付着した塗料は除去する。
(ニ)　作業者の汚染および自覚症状の有無の確認	①　身体が汚染されている場合は，ただちに汚染を除去する。 ②　自覚症状を訴える者については，ただちに医師の診察または処置を受けさせるとともに上司に報告する（有機則第30条の4，㊵特化則第42条）。 ③　作業終了後作業人員を確認する。

有機溶剤中毒予防規則

（有機溶剤作業主任者の職務）
第19条の2　事業者は，有機溶剤作業主任者に次の事項を行わせなければならない。
　1　作業に従事する労働者が有機溶剤により汚染され，又はこれを吸入しないように，作業の方法を決定し，労働者を指揮すること。
　2　局所排気装置，プッシュプル型換気装置又は全体換気装置を1月を超えない期間ごとに点検すること。
　3　保護具の使用状況を監視すること。
　4　タンクの内部において有機溶剤業務に労働者が従事するときは，第26条各号（第2号，第4号及び第7号を除く。）に定める措置が講じられていることを確認すること。
（適用の除外）
第2条　第2章，第3章，第4章中第19条，第19条の2及び第24条から第26条まで，第7章並びに第9章の規定は，事業者が前条第1項第6号ハからルまでのいずれかに掲げる業務に労働者を従事させる場合において，次の各号のいずれかに該当するときは，当該業務については，適用しない。
　1　屋内作業場等(屋内作業場又は前条第2項各号に掲げる場所をいう。以下同じ。)のうちタンク等の内部（地下室の内部その他通風が不十分な屋内作業場，船倉の内部その他通風が不十分な船舶の内部，保冷貨車の内部その他通風が不十分な車両の内部又は前条第2項第3号から第11号までに掲げる場所をいう。以下同じ。）以外の場所において当該業務に労働者を従事させる場合で，作業時間1時間に消

費する有機溶剤等の量が，次の表の上欄〈編注・左欄〉に掲げる区分に応じて，それぞれ同表の下欄〈編注・右欄〉に掲げる式により計算した量（以下「有機溶剤等の許容消費量」という。）を超えないとき。

消費する有機溶剤等の区分	有機溶剤等の許容消費量
第1種有機溶剤等	$W = \dfrac{1}{15} \times A$
第2種有機溶剤等	$W = \dfrac{2}{5} \times A$
第3種有機溶剤等	$W = \dfrac{3}{2} \times A$
備考　この表において，W及びAは，それぞれ次の数値を表わすものとする。 　　W：有機溶剤等の許容消費量（単位　グラム） 　　A：作業場の気積（床面から4メートルを超える高さにある空間を除く。単位　立方メートル）。ただし，気積が150立方メートルを超える場合は，150立方メートルとする。	

2　タンク等の内部において当該業務に労働者を従事させる場合で，1日に消費する有機溶剤等の量が有機溶剤等の許容消費量を超えないとき。

②　前項第1号の作業時間1時間に消費する有機溶剤等の量及び同項第2号の1日に消費する有機溶剤等の量は，次の各号に掲げる有機溶剤業務に応じて，それぞれ当該各号に掲げるものとする。この場合において，前条第1項第6号トに掲げる業務が同号ヘに掲げる業務に引き続いて同一の作業場において行われるとき，又は同号ヌに掲げる業務が乾燥しようとする物に有機溶剤等を付着させる業務に引き続いて同一の作業場において行われるときは，同号ト又はヌに掲げる業務において消費する有機溶剤等の量は，除外して計算するものとする。

1　前条第1項第6号ハからヘまで，チ，リ又はルのいずれかに掲げる業務　前項第1号の場合にあつては作業時間1時間に，同項第2号の場合にあつては1日に，それぞれ消費する有機溶剤等の量に厚生労働大臣が別に定める数値を乗じて得た量

2　前条第1項第6号ト又はヌに掲げる業務　前項第1号の場合にあつては作業時間1時間に，同項第2号の場合にあつては1日に，それぞれ接着し，又は乾燥する物に塗布され，又は付着している有機溶剤等の量に厚生労働大臣が別に定める数値を乗じて得た量

（保護具の数値）

第33条の2　事業者は，第13条の2第1項第2号，第18条の2第1項第2号，第32条第1項又は前条第1項の保護具については，同時に就業する労働者の人数と同数以上を備え，常時有効かつ清潔に保持しなければならない。

（緊急診断）

第30条の4　事業者は，労働者が有機溶剤により著しく汚染され，又はこれを多量に吸入したときは，速やかに，当該労働者に医師による診察又は処置を受けさせなければならない。

② 事業者は，有機溶剤業務の一部を請負人に請け負わせるときは，当該請負人に対し，有機溶剤により著しく汚染され，又はこれを多量に吸入したときは，速やかに医師による診察又は処置を受ける必要がある旨を周知させなければならない。

(2) 作業標準の作成と周知

イ 作業標準の意義

作業標準(作業手順書)は，作業の安全を確保するため機械設備の安全化とともに，その作業のムリ，ムダ，ムラを排除し，実状に即したリズミカルな作業を確保することによって，安全に，正しく，早く，疲労が少なく能率的な仕事ができるようにするものである。

ロ 作業標準の作り方

作業標準の作成については，表3—1の作業標準作成の進め方を参考とすること。特に，安全を確保するための法規制，社内規則等の最低条件と矛盾することがなく，かつ，落ちがないようにする必要がある。

作業標準を作成する担当部門は，それぞれの事業場によって若干違いはあるが，作業主任者は有機溶剤業務（または特別有機溶剤業務）については事業場で最も精通した立場にあることから，次のことを含め作成の中心とならなければならない。

① 原案作成の推進者である。

② 作成過程において作業者の意見を聞き，これを反映させる。

③ 必要に応じ，作業方式の見直しを行い，より実情に応じた安全な作業標準の改正を提案する。

なお，設備を用いないで移動して行われる塗装作業において作業の進行に合わせて作業が正しく行われているかなどを点検する表の例を表3—2に，設備を用いて行う有機溶剤による金属洗浄作業標準例と点検表の例を表3—3〜表3—5に示した。

ハ 作業標準の周知

作業標準の周知に当たっては，知識，技能，態度すなわち頭とからだに覚えさせることと，やる気を起こさせる教育が必要である。特に，定められたことは，人が見ていてもいなくても遵守するという態度の教育が重要である。

また，周知徹底を図るためには，人間は必ず忘れるということを前提に，繰り返し教育することが必要である。

≪質問事項≫
1 有機溶剤業務について作業標準が作成されていますか？
2 作業標準が具備すべき要件について述べてください。

表3—1　作業標準作成の進め方

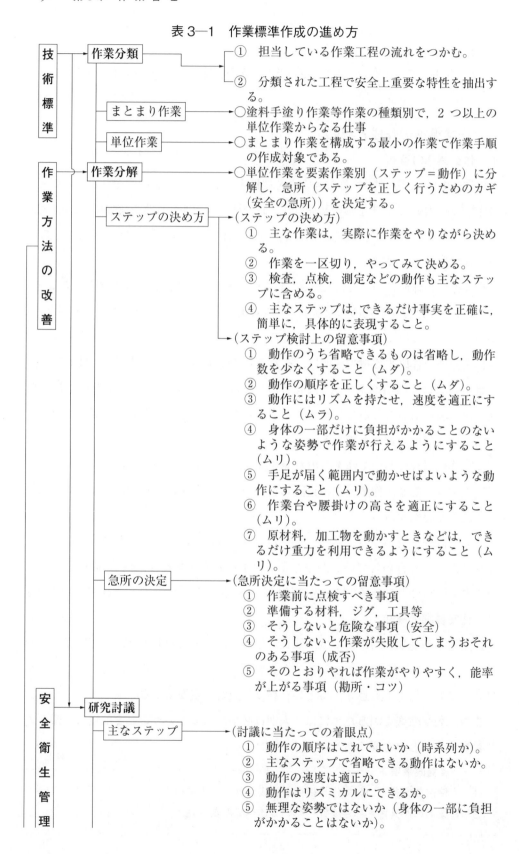

技術標準	作業分類	①　担当している作業工程の流れをつかむ。
		②　分類された工程で安全上重要な特性を抽出する。
	まとまり作業	○塗料手塗り作業等作業の種類別で，2つ以上の単位作業からなる仕事
	単位作業	○まとまり作業を構成する最小の作業で作業手順の作成対象である。
作業方法の改善	作業分解	○単位作業を要素作業別（ステップ＝動作）に分解し，急所（ステップを正しく行うためのカギ（安全の急所））を決定する。

ステップの決め方 → （ステップの決め方）
①　主な作業は，実際に作業をやりながら決める。
②　作業を一区切り，やってみて決める。
③　検査，点検，測定などの動作も主なステップに含める。
④　主なステップは，できるだけ事実を正確に，簡単に，具体的に表現すること。

（ステップ検討上の留意事項）
①　動作のうち省略できるものは省略し，動作数を少なくすること（ムダ）。
②　動作の順序を正しくすること（ムダ）。
③　動作にはリズムを持たせ，速度を適正にすること（ムラ）。
④　身体の一部だけに負担がかかることのないような姿勢で作業が行えるようにすること（ムリ）。
⑤　手足が届く範囲内で動かせばよいような動作にすること（ムリ）。
⑥　作業台や腰掛けの高さを適正にすること（ムリ）。
⑦　原材料，加工物を動かすときなどは，できるだけ重力を利用できるようにすること（ムリ）。

急所の決定 → （急所決定に当たっての留意事項）
①　作業前に点検すべき事項
②　準備する材料，ジグ，工具等
③　そうしないと危険な事項（安全）
④　そうしないと作業が失敗してしまうおそれのある事項（成否）
⑤　そのとおりやれば作業がやりやすく，能率が上がる事項（勘所・コツ）

安全衛生管理　研究討議

主なステップ → （討議に当たっての着眼点）
①　動作の順序はこれでよいか（時系列か）。
②　主なステップで省略できる動作はないか。
③　動作の速度は適正か。
④　動作はリズミカルにできるか。
⑤　無理な姿勢ではないか（身体の一部に負担がかかることはないか）。

規　程　・　基　準

作　業　標　準　の　見　直　し

急　所

作業標準案の作成

作業標準の決定

作業標準の周知徹底

作業標準の管理

⑥　手足の届く範囲内で作業ができるか。
⑦　作業台や腰掛け等の高さは適切か。
⑧　原材料，製品などの移動に無理がない重量か。

(討議に当たっての留意点は，作成に当たっての留意事項と同じ)

①　標準書の文章は，できるだけ平易な表現で，かつ，簡明であること（見やすさ，わかりやすさ）。
②　共同作業の場合には，それぞれの役割分担を明らかにしておくこと。
③　作業標準として具備すべき条件に漏れがないこと。
④　必要に応じて図式化，イラストなどを利用する。

見やすく分かりやすく

①　実際の現場作業をとらえ，作業者の意見を聴取すること。
②　ライン関係部門と安全スタッフとの調整を行った後，所属長の承認を受けて，決定すること。
③　作業方法の変化に対応し，作業手順を見直すこと。

生きた作業手順

①　事業者は，作業標準を安全管理方針の重要項目として徹底させること。
②　作業標準の決定と運用の責任者は，ラインの管理者である。
③　決定された作業標準は，職長などの現場監督者が中心となって繰り返し教育・訓練を実施して徹底する。

①　現場監督者による個別指導，現場パトロールによる成果の確認等日常の作業過程においてフォローアップを行うこと。
②　定期的に全員参加で見直しを行い，改定を検討すること。
③　災害発生時には，再発防止策の一環として見直しを行うこと。なお，危険予知活動実践過程におけるヒヤリ事例も作業標準見直しに活用すること。

表3—2　吹付け塗装作業点検表

区分	点 検 項 目	良 否	改善（指示）事項
準備作業	・作業服，手袋，作業靴など，服装は作業に適しているか。 ・呼吸用保護具は整備されているか。 ・皮膚の傷やケガは，処置を施してあるか。 ・取り扱う溶剤の性状を確認しているか。 ・必要以上の塗料や溶剤を，作業場に持ち込んではいないか。 ・保管中の容器には，確実にふたをしてあるか。 ・塗料の飛散防止用の養生を行ってあるか。 ・作業場の周囲には火気がないことを確認してあるか。 ・換気の悪い場合に，換気設備（移動式）を準備しているか。		
本作業	・機械，器具の点検を行っているか。 ・作業開始前に，換気設備の試運転を行っているか。 ・換気設備の運転は，指名された者が行っているか。 ・作業開始前に，ホース類の破損の有無や締めつけ状態などを点検しているか。 ・スプレーガンの点検は，ホースの根元の弁を締めてから行っているか。 ・空気圧の点検では，スプレーガンの先端に手を当てて行ってはいないか。 ・エアクリーナーやトランスホーマーなどにたまった水分を排出してあるか。 ・高濃度の溶剤のガスにばく露してはいないか。 ・呼吸用保護具を装着しているか。 ・有機溶剤用ガスマスクの吸収缶は，所定の時期に交換しているか。 ・溶剤使用時には，性状に合った正しい溶剤の使い方をしているか。 ・高所作業では，墜落制止用器具（フルハーネス型）を使用しているか。 ・高所作業では，保護帽を着用しているか。 ・高所作業では，脚立足場やローリングタワーなどを正しく使用しているか。 ・吹付け塗装作業中，スプレーガンを他の作業者の方に向けてはいないか。 ・空気圧を規定以上に上げてはいないか。 ・作業中，火花が発生するおそれのある器具を使用してはいないか。 ・作業場内で，喫煙してはいないか。		

後始末作業	・溶剤の容器は，確実にふたをしてあるか。 ・残った溶剤は，所定の保管場所に保管してあるか。 ・工具類は，所定の場所にもどしたか。 ・換気設備は，停止したか。 ・皮膚などに付着した塗料や溶剤は，洗い落としてあるか。 ・作業場の整理整頓と清掃を行ってあるか。 ・次のような身体の異常を感じてはいないか。 　① 頭が痛い，重い 　② 目まいがする，気が遠くなる，歩くときにふらつく 　③ 異常に疲れた感じがする 　④ イライラする，ものごとに集中できない 　⑤ 胃のもたれ，食欲がない		
点　検　者　　㊞			
作　業　主　任　者　　㊞			

表3—3　金属洗浄作業標準例

まとまり作業 （単位作業）	3槽式洗浄槽を用いた金属洗浄作業	担 当 課	承　　認	年　月　日	起　　案
仕様	作業の概要 　3槽式洗浄槽を用いて塩素系溶剤（1,1,1-トリクロルエタン）により金属表面に付着した汚れを除去する作業	使 用 材 料	1,1,1-トリクロルエタン		
		使 用 機 器	3槽式洗浄槽		
		保 護 具	有機ガス用防毒マスク，不浸透性の保護衣，手袋		
	作業人数　　　5人	資格・免許	有機溶剤作業主任者		

要素作業	作業手順	急　　所	急 所 の 理 由
準備作業	1　局所排気装置を稼働する。	(1)　吸引状況を気流検査器（スモークテスター）を用いて点検する。	①　洗浄作業者の呼吸位置で発煙し，吸引されていること。
	2　溶剤を補給する。	(1)　適切に整備され，溶剤等に適した手動ポンプまたは自動ポンプを使用する。 (2)　補給作業は，洗浄装置の作動，および作業を停止して，溶剤を飛散させないよう液面下にポンプの先端を入れて補給する。液面の高さに注意してあふれることがないようにする。 (3)　3槽式は冷液槽に，1槽式は蒸気槽に補給する。	①　補給中の飛散およびこぼれを防止する。 溶剤の補給
	3　補給作業後，直ちに容器を密栓する。		
	4　洗浄装置を点検する。	(1)　始業点検を行うとともに作業中も随時点検する。 (2)　点検表に基づいて実施する（表3—4および表3—5参照）。	
	5　冷却水を通水する。	(1)　冷却水の温度はできるだけ低くし，原則として25℃程度を超えないこと。 　ただし，梅雨期等湿度の高いときは，大気中の水分を多く凝結させるため，下げ過ぎないようにする。 (2)　蒸気槽の上部冷却コイル，冷液槽の冷却コイルに通水し，冷却水が流れているかどうか確認する。	①　冷却管に冷水を通水することにより，蒸気槽等からの溶剤蒸気を凝結させ発散を防止する。
	6　溶剤液量を調整，確認する。	(1)　各槽の液量が規定レベルに達しているかどうかを確認する。	（規定レベル） 温液槽：満タン 冷液槽：満タン 蒸気槽：加熱器（蒸気又は電熱ヒーター）の上10〜15cmまで
	7　蒸気槽および温液槽の加熱蒸気バルブ（または電熱ヒーター）を開く。	(1)　温度計が正常に作動しているかどうか確認する。	
	1　金属部品等の洗浄物をラック掛，かご等に並べる。	(1)　被洗浄物の処理量（大きさおよび重量）は，洗浄装置の設計能力の範囲内とする。	①　ピストン効果および蒸気層の崩壊による溶剤蒸気の漏出（損失）を防止する。

	作業手順	要点	備考・注意
本作業	2　被洗浄物を温液槽に入れる。	(2) 溶剤の持ち出し（くみ出し）のないようにし，また部品等が槽内に落下しないように注意する。 (1) 入れる速さは，洗浄装置，部品の形状，洗浄方法等を考慮して設定する。 　原則として，5cm/秒以下の速さとする。 (2) 被洗浄物の搬送は，自動搬送装置（コンベヤー等），ホイスト，フック，取出しジグ等を使用し，槽の真上には顔を近づけないようにする。 (3) 被洗浄物等の槽間移動は，蒸気層内で行う。 (4) 浸漬時間は，仕上がりの状態を見て調整する。 (5) できるだけ水分が槽内に入らないようにする。	液の持ち出し（くみ出し）防止および引上げ速度の適正化 （最大の液切りのための吊し方） 引き上げ速度 5cm/秒 左は椀状の容器内に液がたまるので持出量が大。右は液切りができる ① できるだけ洗浄槽に近づかないようにし，溶剤蒸気の吸入を防止する（第7章災害事例4参照）。 のぞきこまない 危険!! 洗浄槽
	3　冷液槽へ浸漬する。	(1) 浸漬時間：通常1〜2分間	金属部品等被洗浄物の温度を冷液槽の液温まで下げるためであるので，部品の熱容量によって調整する。
	4　蒸気槽へ浸漬する。	(1) 洗浄時間は，被洗浄物が溶剤蒸気の温度（溶剤の沸点）と同じになる時点（被洗浄物の表面から溶剤蒸気の凝縮が止むまでの時点）までとする。	蒸気洗浄槽内における部品等の槽間移動およびシャワーおよびスプレーによるすすぎ洗い（リンス）。
	5　すすぎ洗いをする。	(1) シャワーまたはスプレーによるすすぎ洗いは，蒸気槽内で行う。	シャワーまたはスプレー
	6　洗浄槽から被洗浄物を取り出す。	(1) 被洗浄物は，蒸気層の上部で一時停止（30秒以上）し，液切りした後槽外に取り出す。特に，手動洗浄の場合，配慮する。 (2) 被洗浄物等が槽内に落ちた場合でも槽内には入らない。	① 被洗浄物に付着している溶剤からの蒸気の発散および作業床へのこぼれを防止する。 ② 槽内は，濃厚な溶剤蒸気が充満しているため，不用意に入ると酸欠症や急性中毒のおそれがある。
後始末作業	1　加熱源を停止する。	(1) 蒸気槽および温液槽の加熱蒸気バルブ（または電熱ヒーター）を閉める。	
	2　冷却水を停止する。	(1) 冷却水は，加熱源停止後，蒸気槽の溶剤温度が常温付近に低下するまで通水する。	
	3　洗浄装置にふたをする。	(1) 密閉式のふたとする。	蒸気の発散を防止する。
	4　局所排気装置の稼働を停止する。		

表3—4　洗浄槽を用いた金属洗

（受入れ，蒸溜，

月分				日	1	2	3	4	5	6	7
整　理　番　号		課　　名			班　　　名						
点　検　項　目				日	1	2	3	4	5	6	7
				曜							
毎回点検	受入	ローリー・ドラム缶等の受入れ，移替えの場合，飛散・流出させていないか									
	蒸溜	①　蒸溜装置（本体，液面計，弁，配管，冷却管等）からの漏えいはないか									
		②　液面は規定レベルに保たれているか									
		③　冷却水の水温，水量は適正に保たれているか									
毎日点検	貯蔵	①　タンク（本体，液面計，弁，配管等），容器からの漏えいはないか									
		②　廃棄物の容器からの漏出はないか，また速やかに処理しているか									
	蒸溜	①　蒸溜装置の蒸溜温度（釜液温度）は，正常に保たれているか									
		②　水分離器は正しく作動しているか									
		③　局排を稼動し，蒸気の発散を防止しているか									
		④　液面は規定レベルに保たれているか									
		⑤　冷却水の水温，水量は適正に保たれているか									
	排水処理	①　装置，配管からの漏えいはないか									
		②　排水量が安定しているか，排水中に油分が浮かんでいないか									
		③　ばっき槽空気量または活性炭の交換は適切か									
	排気処理	①　活性炭は適切な間隔で再生しているか									
		②　水分離器は正しく作動しているか									
点　検　者　㊞											
作　業　主　任　者　㊞											

浄作業に係る自主管理点検表例

排水，廃棄物）

○正常　　△注意　　×不良

操　作　者									作業主任者									検　印			検　印			備考
8	9	10	11	12	13	14	15	16	17	18	19	20	21	22	23	24	25	26	27	28	29	30	31	

点　検　項　目		第 1 回 日	第 2 回 日	第 3 回 日	第 4 回 日	第 5 回 日	備　考
毎週点検	①　換気装置等の異常は ないか						
	②　洗浄槽の液の安定性 はよいか（酸分・pH・ 酸受容度・ガスクロ分 析など）						
	③　装置・洗浄槽の床面・ 受皿・地下ピット・た めます・分離槽等への 漏れ出しはないか						
	④　床面・地下ピットの ひび割れはないか						
点　検　者　　㊞							
作 業 主 任 者　㊞							

異常を認めたときの措置

点　検　日	異常を認めた項目	必　要　措　置	

点　検　項　目		第1回日	第2回日	第3回日	備考
※蒸溜装置・溶剤槽の内部点検	①　換気装置を稼働させているか				
	②　洗浄槽・水分離器・配管・ポンプ・フィルター等の液は十分に抜き出しているか				
	③　抜出液・スラッジ・排水は適切に処理しているか				
	④　洗浄槽・水分離器内部にスケール・スラッジ等の付着および損傷はないか				
	⑤　冷却管・フィルター・配管等の内部の汚れはないか				
	⑥　加熱管・冷却管の表面の汚れ，腐食はないか				
点　検　者　　㊞					
作　業　主　任　者　㊞					

※点検は，液効果・洗浄槽異常および定期修理等で液を抜き出す必要が生じたとき実施する。

改　善　経　過	改　善　月　日	確　認　印

表3—5　洗浄槽を用いた金属

（蒸　気

月分									
整 理 番 号			課　　　名		班　　　名				
点　検　項　目				日	1	2	3	4	5	6	7
				曜					
始業点検	①　換気装置等を稼働させているか										
	②　冷却水は通水しているか										
	③　装置の抜出弁は，よく締めてあるか（流出・漏えい防止）										
	④　安全コントロールサーモスタットは所定温度に設定されているか										
	⑤　洗浄槽内の液は規定液面にあるか（空焚き防止）										
	⑥　装置・洗浄槽・配管等からの漏えいはないか										
毎日点検	①　温度計・液面計・弁などは正確に作動しているか										
	②　加熱（ヒーターまたはスチーム）の異常はないか										
	③　蒸気洗浄槽の蒸気レベルは適正か（冷却コイルの下方2分の1〜3分の1でコントロールする）										
	④　水分離器は正しく作動しているか										
	⑤　異常な白煙が発生していないか（1,1,1-トリクロルエタン等の蒸気に水蒸気が混じると霧様の白煙を生じる）										
	⑥　冷却水の温度・通水量は適正か										
	⑦　蒸気洗浄槽の液は規定液面にあるか（加熱器の上部8〜10 cmに，空焚き防止）										
	⑧　被洗浄物の移動速度は適切か，また乾燥は十分か										
	⑨　スプレー作業は蒸気層内で行っているか										
	⑩　作業終了後ふた等で密閉してあるか										
	⑪　局排を稼働させ発散を防止しているか										
	1,1,1-トリクロルエタン等の補給量　　　　　（L）										
	1,1,1-トリクロルエタン等の抜出量　　　　　（L）										
	水分離器排水の抜出量　　　　　　　　　　　（L）										
点　検　者　㊞											
作 業 主 任 者　㊞											

洗浄作業に係る自主管理点検表例

洗　浄）

○正常　　△注意　　×不良

操　作　者									作業主任者									検印			検印			備考
8	9	10	11	12	13	14	15	16	17	18	19	20	21	22	23	24	25	26	27	28	29	30	31	
																								合計　L
																								合計　L
																								合計　L

点 検 項 目			第1回日	第2回日	第3回日	第4回日	第5回日	備考
毎週点検	貯蔵容器および場所	① 容器，タンク（本体，液面計，弁，配管等）のひび割れ，腐食，損傷はないか						
		② 床面，防液堤，受皿，側溝，ためます，分離槽等のひび割れ，腐食はないか						
		③ 容器（ドラム缶，18L缶）は密栓して保管してあるか						
		④ 容器は直射日光や雨水をさけ，保管してあるか，荷積みは適切か，数量は把握しているか						
	蒸溜	① 蒸溜装置（本体，液面計，弁，配管，冷却管等）の腐食，損傷等はないか，きれいに保たれているか						
		② 温度計，液面計，圧力計は正常に作動するか						
		③ 電気ヒーターの断線，蒸気の漏れはないか，ヒーター表面に残渣等が付着していないか						
	排水	排水処理装置の排水の水分離器の容剤を回収したか						
	産業廃棄物	① 廃棄物は，分別して密閉した容器に入れて貯蔵しているか，また取扱いの際飛散・流出させていないか						
		② 廃棄物（液，スラッジ）・未処理の分離水は専用容器に入れるか，または適切に処理しているか						
	排水検査	① 処理前の濃度　　　　（mg/L）						
		② 処理後の濃度　　　　（mg/L）						
		③ 検査方法（ガスクロ法または簡易法）						
点 検 者　㊞								
作 業 主 任 者　㊞								

異常を認めたときの措置

点 検 日	異常と認めた項目	必 要 措 置	

点　検　項　目			第1回 日	第2回 日	第3回 日	第4回 日	第5回 日	備 考
6カ月点検		排気中の濃度　　　　　　　（ppm）						
3カ月点検		地下埋設タンク，配管を加圧点検 したか						
そ の つ ど 点 検	排水	活性炭はいつ取り換えたか（交換日）						
	産 業 廃 棄 物	①　廃棄物は，許可を受けた産業廃 　棄物処理業者に委託したか（委託 　先）						
		②　委託日						
		③　種　　類						
		④　数　　量　　　　　　　　（kg）						
		⑤　適切な処分を行うために必要な 　情報を付記したか						
点　検　者　　㊞								
作　業　主　任　者　㊞								

改　善　経　過	改　善　月　日	確　認　印

⑶ 「粉末消火器の使い方標準書」の作り方事例研究

　次の表3—6はある事業場のA，B，C，D職場でおのおの「粉末消火器の使い方標準書」を作成したものである。どれが見やすく，わかりやすく，読みやすいか，また，急所の理由について考えてみよう。

表3—6　粉末（ABC）消火器の使い方標準書例

A　職　場

（手　順）	（急　所）	（留　意　事　項）
1　位置につく	足元を確かめ風上に立つ	
2　ホースをはずし		
3　ピンを抜きノズルを火元に向ける	距離3〜6m	炎にまどわされず火元をさがす
4　上下レバーを握る	強く握る	
5　掃くようにして消す		17秒以内に消えないときは次の消火器を準備する

B　職　場

（手　順）	（急　所）	
位置を決める		①③②
ピンをぬく	①を強く引く	
ホースをはずし火元に向ける	②火元を確かめる	
レバーを強く握り，掃くようにして消す	③を強く握り，ほうきで掃くように	

C　職　場

（手　順）		（急　所）
1　位置を決める 2　安全ピンをぬく 3　ホースをはずし火元に向け 4　レバーを強く握る	ぬく／にぎる	風上に立つ（3〜6m以内） 左手でレバーの下側をつかみ，右手で強く引く 火元から掃くように （17秒間）

D 職 場

（手 順）	（急 所）	（留意事項）
1 位置につく。	足元を確かめ，風上に立つ（3～6m以内）。	できる限り近づく。周辺特に上に注意。
2 安全ピンを抜く。	後ろに何もないことを確かめ，強く引き抜く。	ピンを抜く場所が必ずしも広いとは限らない。
3 ホースを外し火元に向ける。	炎にまどわされず火元を確かめる。	人は火を見ると慌てる習性がある。
4 レバーを強く握って粉末を噴射する。	足下から消火する。 　粉末を手元から横に振りながら前方へと素早くほうきで炎を掃き出すようにして消していく。 　水の上に油があって燃えているときは，表面をかき回すような噴射をしてはならない。	粉末を前後に振り回してはならない。 一度消えたところが再び燃え始める。 油が消火剤の上に飛び散り再び燃え上がり，消火よりも延焼の危険が増大する。

(4) 化学工場における有機溶剤業務の問題点と対策の実例

イ 石油溶剤タンク内の油汚泥の除去作業

　石油溶剤タンク内の油汚泥の除去作業は，手作業で油汚泥を半切りドラム缶に入れてこれを搬出していたので，作業能率が低く，作業負荷が高く，かつ作業中に防毒マスクやエアラインマスクを使用すると作業がしにくいことから，マスクの不適正な使用によって溶剤の蒸気を吸入していた可能性が高かった。

＜問 題 点＞

① 作業能率が低く，防毒マスクをしていても管理が十分に行き届かない。

② エアラインマスクの特にホースの取扱いが面倒で作業性が悪かった。

＜対 策＞

① 汚泥の中に石油溶剤分が残らないように，タンクを開放する前にまず蒸気圧が低く沸点が高い溜分の油で置換してかくはんし，この油に軽質の石油溶剤分を吸収させた後に，水で置換する作業に時間をたっぷりかけた。

② 工業用バキュームカー（防爆型大容量）を使用して油を含んだ汚泥を吸引除去し，作業者のタンク内での作業は，バキューム吸引口に向かって汚泥をかき集め吸引させるだけでよいようにした。

　この措置により作業が楽になって，保護具を付けていても長い時間容易に作業できるようになった。

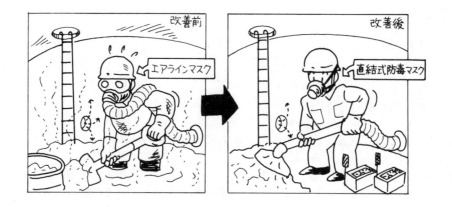

ロ　タンク内作業

＜問　題　点＞

　軽質石油剤を入れたタンク横置きの枕型容器内で作業中，容器内に若干残存する溶剤蒸気が発散し，作業環境が汚染されている。

＜対　　策＞

　作業標準を改定し，作業開始前に容器内に残存する軽質石油溶剤分を高沸点溜分油で置換してこれに吸収させて排出し，さらに水で置換し完全に軽質石油溶剤分を除去した。

　この措置により，容器内に残留している油分があっても，蒸気が発生しにくい高沸点溜分であり，容器内の溶剤蒸気の気中濃度は著しく低下した。

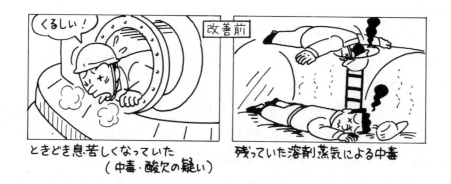

ハ　巨大タンクの浮き屋根の点検作業

　10万 kL 入り巨大タンク（直径 60 〜 80 m，高さ 20 m）の浮き屋根の点検作業中に，周辺のリムによる蒸気遮断が不十分のため，浮き屋根とタンク外壁との間から少量のガスが漏えいしており，中毒および火災等の危険が考えられた。

<問　題　点>

ガスの漏えいに気づくのが遅れたり，漏えい検知用の携帯ガスメーターが作動しないときがあった。

<対　　　策>

①　漏えい検知用の携帯ガスメーターの事前テストを完全に実施させるようにした。

②　必ず2人で作業することを義務づけた。

③　直径80mの巨大タンクであっても，高さが20mもあれば，場合によっては，風による拡散が不十分なこともあることを認識させるために徹底した教育を施した。

ニ　大口パイプ内塗装作業

敷設されている大口パイプの内部を塗装するため，パイプの一方を開放し，自然換気を行った後，中に入ろうとしたが，十分な換気ができず開放部分から奥へ数m入った場所で酸素欠乏状態であることが判明した。

<問　題　点>

パイプの一方が開放されていた場合であっても，大口パイプの内部の空気の置換が十分でない場合がある。

<対　　　策>

①　このような作業の場合も，密閉容器内立入り作業と同様の対策を採用するべき作業として作業標準を設定した。

②　作業前に可燃性のガス検知器による測定の実施および酸素濃度測定を必ず実行することを義務づけた。

③　監視人を必ずつけることとした。

ホ　配管溝内塗装工事

　配管溝の中のコンクリート壁等を塗装していて被災した。

＜問　題　点＞

　可燃性ガス検知器による測定，酸素濃度測定が実施されておらず，監視人もつけていなかった。

＜対　　　策＞

　①　密閉容器内立入り作業と同様の対象作業扱いとした。

　②　作業前に可燃性ガス検知器による測定の実施および酸素濃度測定を必ず実行することとした。

　③　監視人を必ずつけることとした。

ヘ　屋外に積んだ資材の塗装作業

　工場敷地内に数段（4段くらい，幅5m程度）になったパイプラック（石油工場等の道路わき上部などに，道路に沿って敷設する，たくさんのパイプをのせた架台）の中間（上下の間隔約50cm）に入り，寝転んだ姿勢でパイプにペンキを手塗り作業していたところ，発散する有機溶剤によって異常を感じたのではい出そうとしたが，はしごのところで力を失いパイプ群の上で倒れた。

＜問　題　点＞

　当該場所は，下方に余分な塗料が落ちないよう下にシートを張っていたため，上

下方向の風を遮断した状態となり，かつ，周囲は積んだパイプで囲まれ，屋外では
あるが通風不十分な場所となっていた。

＜対　　策＞

① エアラインマスク使用を義務づけた。

② 監視人を必ずつけることとした。

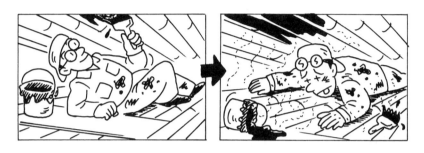

ト　装置整備作業

　地上３mのステージの上で，ガラス液面監視用ゲージのドレン切り作業のため
に下端のプラグをはずした瞬間に有機溶剤が噴出して全身に飛まつを浴びた。猿は
しごから脱出しようとしたが，中毒のために体を支える力がなくなり地上に落下した。

＜問　題　点＞

　作業開始前に，ゲージ内の圧力を抜き，かつ，関連したバルブを完全に閉止する
ことになっていたが，これらの措置が不完全のまま作業を実施した。

＜対　　策＞

　作業前の危険予知訓練として内圧の確認方法について作業の徹底を図った。

チ　ドレン配管切断作業

　石油精製工程の中に KO（ノックアウト）ドラムとよばれているガスの中のドレンをカットするドラムがある。このドラムの下に配管されているドレンラインが閉塞していたので，のこぎりで細い配管を切断したとたんに内圧で閉塞部分が吹き飛ばされ，内容物を身体に浴びた。

＜問　題　点＞

　関係する配管のバルブを完全に閉止せず，かつ，これを確認することなく作業を実施した。

＜対　　　策＞

　閉塞除去作業では往々にして起こりやすい事故であり，内容物の噴出を念頭に入れて危険予知訓練・確認作業をすることの徹底を図った。

リ　試料採取作業

　屋外に設けてある装置の試料採取場所で試料採取中，バルブを開放し過ぎたため，突然溶剤が噴き出し，約8m離れているところにあった，350℃以上の高い表面温度になっていたポンプに吹きかかり，自然発火して火災となった。

＜問　題　点＞

　有機溶剤に混入させていた特殊な物質がワックスのような状態になって試料を採取するバルブ付近で固まっていたため，作業者は無理にバルブを開こうとして力を入れて，バルブを開放し過ぎた。内部圧力でワックス状の閉塞物が徐々に押し出され，遂に瞬間的に噴出した。

＜対　　　策＞

　①　臨時作業の作業標準の徹底を図った。

　②　このようにワックスのように固まっているものを細いパイプから取り出そ

とするときには，まず蒸気を吹きかけて閉塞しているワックスを溶かしてから試料採取することを徹底した。

ヌ　設備点検作業

設備から有機溶剤漏れの臭気がするので，屋外に出て点検作業中，高濃度の溶剤蒸気を吸入して倒れた。

＜問　題　点＞

溶剤漏れの点検を臭気に頼って行ったため臭覚不良になり，溶剤蒸気の臭気が濃厚であること，およびふだんの状態での臭気とは異なることに気づかず点検を続行した。

＜対　　　策＞

①　有機溶剤蒸気専用の警報付きメーターを持参させることとした。

②　常にガスメーターをポケットに携帯させた。

③　危険予知訓練の項目に溶剤漏れにおける点検を入れた。

ル　吹付け印刷作業

　ドラム缶にステンシルマークを吹付け印刷する場所には，局所排気装置が設置されていたが，作業環境は必ずしも良好とはいえない状況であった。

＜問　題　点＞

　吹付け印刷する場所の周辺は，並べられたドラム缶のため，局所排気装置の吸引気流を妨害していた。

＜対　　　策＞

　プッシュプル型換気装置に改造した。

　この措置により，この仕事を専業にしていた作業者の欠勤がなくなった。

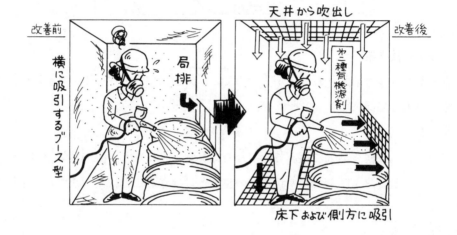

2　労働衛生保護具

(1)　呼吸用保護具

　呼吸用保護具は種類が多いので，防じんマスクを防毒マスク代わりに使用したりするような誤りをすると，生命の危険にさらされることがある。選定に当たっては，特に慎重を期さなければならない。

　型式は，空気中にある有害物質をろ過により除去し，使用者に無害な空気を吸気させるろ過式のものと，作業環境内の空気の性状とは全く関係がなく新鮮な空気を供給する給気式のものがある。

　いずれも，同時に就業する労働者の人数と同数以上に備えられ，常時有効かつ清潔に保持され，適正に使用されないと本来の目的である使用者の健康と生命を十分に保護できない。

留意事項

① 給気式は，新鮮な空気を送風または圧縮空気によってフードなどの中に送気するので，適正に使用すれば作業環境中の酸素濃度が低くても，また，例外を除いて有害物質濃度が高くても使用できる。

② 給気式の欠点は，一般に重く，かつ，使用時間や行動範囲など何らかの制限があるので，採用するに当たってはこの点に留意する必要がある。

＜質問事項＞

　1　呼吸用保護具は作業にあった適切な選定が必要である。そのためにも，作業現場の有害物質の種類，濃度，作業者の労働時間，作業強度などを知っていますか。

　2　給気式には欠点はありませんか？　その欠点をどのようにして補えばよいでしょうか？

イ　呼吸用保護具選択の要件

　呼吸用保護具が必要になるのは，作業環境が適切でないからである。保護具は個人の健康や生命を守ろうとするものであるから，単に性能がすぐれているだけではなく，使いやすいことが要求される。

　有機溶剤用（有機ガス用）の防毒マスクについては「防毒マスクの規格」（平成2年労働省告示第68号，最終改正：令和5年厚生労働省告示第88号），防毒機能を有する電動ファン付き呼吸用保護具（以下「G-PAPR」と記す）については「電動ファン付き呼吸用保護具の規格」（平成26年厚生労働省告示第455号，最終改正：令和5年厚生労働省令第88号）に基づく国家検定に合格した呼吸用保護具であることが義務づけられている。また，その選択，使用および保守管理等に当たっては通達（令和5年5月25日基発第0525第3号）に留意事項が示されている。

　なお，防毒マスクおよびG-PAPRの適正な選択，着用および取扱方法についての指導や保守管理については，衛生管理者，作業主任者等の労働衛生に関する知識，経験を有する者のうちから，各作業場ごとに，保護具着用管理責任者を指名して，その業務に当たらせることとされている。

留意事項

(イ)　**購入時**

①　使用目的と配備基準を明確にすること。

②　使用する人に適合させるために面体の接顔部の形状および寸法の異なるものを数種類準備すること。

③　購入は，国家検定対象品については国家検定合格標章（図3—1）が貼付されているもの（安衛法第42条），その他は，JIS規格合格品を指定すること。

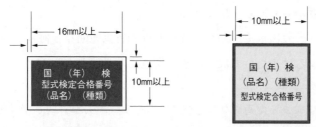

（吸気補助具付き防じんマスク以外の防じんマスク、防毒マスク及び電動ファン付き呼吸用保護具用）

（吸気補助具が分離できる吸気補助具付き防じんマスクの吸気補助具，防じんマスク若しくは電動ファン付き呼吸用保護具のろ過材，防毒マスクの吸収缶（防じん機能を有する防毒マスクに具備されるものであって，ろ過材が分離できるものにあっては，ろ過材を分離した呼吸缶及びろ過材）又は電動ファンが分離できる電動ファン付き呼吸用保護具の電動ファン用）

※縁の幅は0.1mm以上1mm以下

図3—1　型式検定合格標章

(ロ)　**作業現場における使用時**

①　面体の接顔部の形状および寸法がそれぞれの個人に適合したものを選定して，個人ごとに割り当てられるように配備すること。

② 配備基準に基づいて指定場所に適正に保管しておくこと。

③ 適正に使用するための訓練を長期的に繰り返し，そのつど各人に適合する面体の形状と大きさを熟知させておくこと。また，訓練の記録を保存すること。

④ 面体にサイズ番号などを大きく書いておき，自分によく合う保護具を着用できるよう訓練しておくこと。

≪質問事項≫

1　着用者は，保護具を着用する意味を正しく理解していますか？

2　保護具の選択基準を知っていますか？

3　着用者が着用する方法に関する知識と技能を的確に習得できる教育・訓練を実施していますか？

4　保守管理の方法などに関する知識と技能を的確に習得させる教育・訓練を実施していますか？

5　職場巡視などでは，単に外からながめて確認するだけではなく，着用しているマスクを手に取って裏返して見たりして，的確に使用されているかどうかを確認していますか？

労働安全衛生法

（譲渡等の制限等）

第42条　特定機械等以外の機械等で，別表第2に掲げるものその他危険若しくは有害な作業を必要とするもの，危険な場所において使用するもの又は危険若しくは健康障害を防止するため使用するもののうち，政令で定めるものは，厚生労働大臣が定める規格又は安全装置を具備しなければ，譲渡し，貸与し，又は設置してはならない。

ロ　防毒マスク

防毒マスクは，環境空気中の有害なガスや蒸気を吸収缶（ハロゲンガス用，有機ガス用，一酸化炭素用，アンモニア用および亜硫酸ガス用のものに限る。）によって除去する呼吸用保護具である。環境空気中の有害ガスの種類や濃度によって適切に選択，使用する必要がある。

留意点は以下(イ)～(ハ)のとおりである。

防毒マスクは，隔離式，直結式および直結式小型の3つに分類され（図3—2参照），吸収缶の使用範囲が定められている（表3—7参照）。

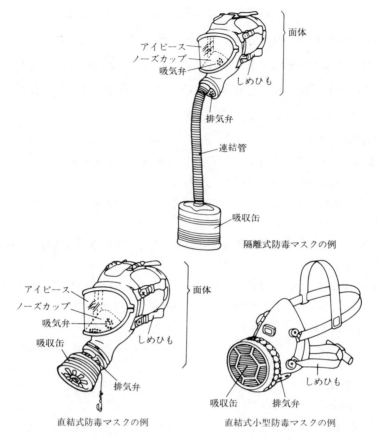

図3―2　防毒マスクの分類

表3―7　吸収缶の使用範囲（ガスまたは蒸気の濃度）

高濃度：隔離式	2％（アンモニアにあっては3％）以下	酸素濃度18％以上
中濃度：直結式	1％（アンモニアにあっては1.5％）以下	酸素濃度18％以上
低濃度：直結式小型	0.1％以下であって，非緊急用	酸素濃度18％以上

(ｲ)　**選択上の留意点**

①　国家検定品を使用すること。

②　ガスの種類によって有効な吸収缶を選択すること（表3―8，表3―9参照）。

③　作業環境に適した吸収缶をあらかじめ選択決定して配備しておくこと。

④　目を刺激するガス（亜硫酸ガス，塩素ガス，アンモニアなど）に対しては，全面型面体を使用すること。

⑤　ガスと粉じんとが混在しているときは，フィルター付き吸収缶か，またはフィルターと吸収缶を組み合わせて使用するなど両方の機能が発揮できるようにして完全を期すこと。

表3—8 吸収缶の種類

対 応 ガ ス	色 名	適合するマスクの構成			規 格	
		隔離式	直結式	直結式小 型	国家検定	JIS
有機ガス用	黒	◎	◎	◎	☆	☆
ハロゲンガス用	灰色および黒	◎	◎	◎	☆	☆
アンモニア用	緑	◎	◎	◎	☆	☆
亜硫酸ガス用	黄赤	◎	◎	◎	☆	☆
一酸化炭素用	赤	◎	○	—	☆	☆
一酸化炭素・有機ガス用	赤および黒	○	—	—	—	☆
酸性ガス用	灰色	○	—	—	—	☆
硫化水素用	黄	○	○	○	—	☆
青酸用	青	○	○	—	—	☆

(注1) 表中の記号の意味は次のとおり。

◎……国家検定品 ○……現在製造されているもの ☆……該当する規格がある

(注2) それぞれの種類ごとにフィルタなしとフィルタ付きがある。

⑥ 濃度に応じてマスクを選び適合する除毒能力をもつ吸収缶を使用すること。

⑦ 使用者の顔に適合する形状および大きさの面体を用いたマスクを選ぶこと。

⑧ 作業環境測定の評価の結果が，第3管理区分となり，呼吸用保護具の着用が必要となった場合は，環境中の化学物質の濃度を求め呼吸用保護具の要求防護係数を算出し，その値を上回る指定防護係数を有する呼吸用保護具を選定し使用する必要がある。

要求防護係数 $PF r = \dfrac{C}{C_0}$

C ：環境中の化学物質の測定結果のうち最大濃度

C_0：濃度基準値または管理濃度，ばく露限界濃度

㈹ 使用上の留意点

① ろ過式のマスクは，酸素濃度18％未満の所では使用してはならない。

② 酸素濃度が不明の場所には，指定防護係数が1,000以上の全面形面体を有する給気式呼吸用保護具（送気マスクまたは自給式呼吸器）を使用する。

③ ガス濃度を確認する。

㋑ 環境中のガスに有効な吸収缶が付属していることを確認する。

㋺ ガスの種類が不明のとき：自給式呼吸器を使用する。

㋩ ガスの濃度がその吸収缶の使用限度を超えるおそれがあるときは，より大型の吸収缶を使用するか自給式呼吸器を使用する。

表3—9　吸収缶の種類と適応ガス一覧表の例

吸収缶の種類		四塩化炭素	ベンゼン	トルエン	クロルピクリン	ノルマルヘキサン	メチルエチルケトン	アクリロニトリル	トリクロロエチレン	二硫化炭素	メタノール	臭化メチル	四アルキル鉛	塩素	ホスゲン	フッ化水素	塩化水素	二酸化窒素	硫化水素	亜硫酸	青酸	一酸化炭素	アンモニア
有機ガス用	隔離式																						
	直結式	○	○	○	○	○	○	○	○	△	○	△	×	△	×	△	×	×	×	×	×	×	×
	直結式小型																						
ハロゲンガス用	隔離式																						
	直結式	○	○	○	○	○	○	○	○	○	△	×	△	○	△	×	△	×	×	×	×	×	×
	直結式小型																						
一酸化炭素・有機ガス用	隔離式	△	△	△	△	△	△	△	△	△	×	×	×	△	×	×	△	△	△	×	○	○	×
青酸用	隔離式	△	△	△	△	△	△	△	△	△	×	×	×	△	×	×	×	×	×	△	○	×	×
	直結式																			×			
アンモニア用	隔離式																						
	直結式	×	×	×	×	×	×	×	×	×	×	×	×	×	×	×	×	×	×	×	×	×	○
	直結式小型																						
亜硫酸ガス用	隔離式																						
	直結式	×	×	×	×	×	×	×	×	×	×	×	×	×	×	△	△	×	○	○	×	×	×
	直結式小型																						
硫化水素用	隔離式																						
	直結式	×	×	×	×	×	×	×	×	×	×	×	×	×	×	△	×	○	○	×	×	×	×
	直結式小型																						
酸性ガス用	隔離式																						
	直結式	×	×	×	×	×	×	×	×	×	×	×	×	×	×	○	○	×	△	△	×	×	×
	直結式小型																						
一酸化炭素用	隔離式	×	×	×	×	×	×	×	×	×	×	×	×	×	×	×	×	○	△	△	×	○	×

(注)　各記号の性能範囲は，○：70 %～100 %，△：30 %～70 %，×：0 %～30 %である。

④　マスクに添付されている使用時間記録カードの記録と破過曲線図を比較して，有効使用時間が十分残っていることを使用前に必ず確認する。

⑤　マスクを着用したら必ずシールチェックを実施する。

⑥　半面型面体にメリヤスカバーなど気密性を損なうものをつけてはならない。

⑦　吸収缶が使用限度時間に達したら，新しいものと交換する。

⑧　吸収缶の交換基準

　イ　作業環境のガス濃度と使用時間とから破過曲線に示された使用限度時間に達したとき。

　ロ　使用中に臭気を感じたとき。これは，対象有機溶剤の臭気等を感知できる濃度がばく露限界より著しく小さい物質に限って行って差し支えないものである（例：アセトン，クレゾールなど）。

⑨　呼吸用保護具の適切な装着の確認（フィットテストの実施）

　リスクアセスメントに基づく低減措置として作業者に有効な呼吸用保護具を使用させた場合，呼吸用保護具が適切に装着されていることを確認する必要がある。フィットファクタ（労働者の顔面と呼吸用保護具の面体との密着の程度を示す係数）が呼吸用保護具の種類に応じた要求フィットファクタを上回っていることを確認する方法で，定量的フィットテスト，定性的フィットテストの2種類がある。作業環境測定の評価結果が第3管理区分の場所においては，「第3管理区分に区分された場所に係る有機溶剤等の濃度の測定の方法等を定める告示」（令和4年11月30日厚生労働省告示第341号）に定める方法により，1年以内ごとに1回，定期に，フィットテストを実施しなければならない。

≪質問事項≫

1　酸素欠乏危険場所で，防毒マスクを使えると思いますか？　もし防毒マスクが使えないとしたら，何を使ったらよいと思いますか？

2　顔面とマスクとの間に隙間がないことをどうしたら確かめられますか？

3　シールチェックは，どのようにしていますか？

4　吸収缶の期限が切れているかどうかのチェックはどのようにしていますか？

5　マスクをしていてもどのような危険があるでしょうか？

(ハ)　保守管理

①　いったん開封した吸収缶の保管

　イ　外気に触れたまま保管してはならない。

　ロ　栓がついていれば，上下ともに栓をする。

　　　㋩　栓のないものは，気密性の高いポリエチレンなどの袋に入れ，外気と遮断
　　　　して保管する。
　②　吸収缶の気密を保つパッキンまたは排気弁，吸気弁，面体，しめひもに異常
　　（変形，損傷，汚れなど）があれば，ただちに交換して完全なものとする。
　③　面体の洗浄手順
　　　㋑　中性洗剤で洗う。
　　　㋺　ぬるま湯または水ですすぐ。
　　　㋩　室内で自然乾燥させる。
　　　㊁　禁止事項：（材料の劣化防止，変形防止のため）
　　　　ⓐ　シンナーで拭いてはならない。
　　　　ⓑ　熱風で乾燥させてはならない。

```
━━━≪質問事項≫━━━
1　保護具を保管するときにいちばん注意を払っているのは，どのようなことです
　か？
2　保護具の気密性を保つために，どのようなことが日常の整備に必要ですか？
3　保護具を清潔に保つためには，どのようにしていますか？
```

ハ　防毒機能を有する電動ファン付き呼吸用保護具（G-PAPR）

　G-PAPR は，電動ファン，吸収缶，面体等から構成され，環境空気中の有害な
ガス，蒸気等を除去した空気を装着者へ供給するろ過式呼吸用保護具である。電動
ファンにより送気するため，面体内が陽圧となり，面体内に環境空気中の有害物質
が侵入しにくく，かつ，呼吸が容易であることから作業者の負担が少ない。

　G-PAPR の種類は，呼吸用インターフェイスにより面体形とルーズフィット形
に分かれ，それぞれに隔離式，直結式に区分される（表3—10）。またこの各区分

表3—10　G-PAPR の種類

面体形	隔離式	全面形面体
		半面形面体
	直結式	全面形面体
		半面形面体
ルーズフィット形	隔離式	フード
		フェイスシールド
	直結式	フード
		フェイスシールド

について，防じん機能を有しないものと防じん機能を有するものがある。型式検定合格品である吸収缶はハロゲンガス用，有機ガス用，アンモニア用，亜硫酸ガス用，一酸化炭素用の5つである（表3—8参照）。

(イ) 保守管理

① 交換用の電池を常時備える。

② 充電式の電池は，繰り返し使用することでバッテリーの使用時間が短くなるため，使用可能時間を管理する。また，充電時間は十分に確保すること。

(2) 労働衛生保護手袋

労働衛生保護手袋は，経皮侵入を避けるため，使用する有機溶剤等に対し，不浸透性の材質で作られたものを選定しなければならない（表3—11参照）。

このため，どのような現場でどのように使用されているかをよく理解して購入し，配備することが大切である。

特化則第44条第3項により，一定の特定化学物質について，皮膚に障害を与えたり，皮膚から吸収されることにより障害を起こすおそれがある作業では，労働者に保護眼鏡，不浸透性の保護衣（化学防護服），保護手袋（化学防護手袋）および保護長靴を使用させなければならない。また，これらの保護具の使用を命じられた時には，労働者も使用することが義務付けられている。一定の特定化学物質には，特別有機溶剤のクロロホルム，四塩化炭素，1,4-ジオキサン，ジクロロメタン（別名二塩化メチレン），スチレン，1,1,2,2-テトラクロロエタン（別名四塩化アセチレン），テトラクロロエチレン（別名パークロロエチレン）が含まれる。皮膚に障害を与えたり，皮膚から吸収されることにより障害を起こすおそれがある作業としては，化学物質に直接触れる作業と化学物質を手作業で激しくかき混ぜることにより身体に飛散することが常態として予想される作業が含まれる。また，使用する保護具の種類は作業内容に応じて選択されるもので，常時すべての種類の保護具が必要という意味ではない。

留意事項

① JIS規格には，「T 8116 化学防護手袋」がある。

② 市販されている耐薬品，耐油，耐溶剤用手袋の選択に当たっては，表3—11の適応欄および不適合欄に留意すること。

┌─────＜質問事項＞───┐

1 有機溶剤を使用するときに，どのような材質の手袋を使用すればよいか，選択
  基準が明確になっていますか？

2 購入時には，仕様として手袋の材質を指定していますか？

└──┘

表3—11　耐薬品，耐油，耐溶剤用手袋

材　質	適　応	不　適　合
天然ゴム	耐薬品用として厚手，薄手あり。 有機溶剤としてアルコール類，ケトン類，有機酸類に対応 耐酸：硫酸10％，硝酸20％，塩酸20％	油脂に溶ける。
塩化ビニール	耐酸：硫酸15％，硝酸20％，塩酸30％ 耐アルカリ 耐油性：灯油程度	有機酸類に不適合 60℃以上に不適合
ネオプレン	耐薬品用として汎用される。 耐酸：硫酸80％，硝酸40％，塩酸30％ 耐アルカリ，アルコール類，有機酸類 耐油性：灯油程度 耐摩耗性，耐熱性，また耐オゾン性	有機溶剤に不適合 寒さにより少し固くなる。 若干高価
ハイパロン	耐酸性は抜群，強酸に対してはこれ以外にない。	有機溶剤，有機酸，油脂，ガソリン，灯油には適さない。
ニトリルゴム	抜群の耐油性，耐摩耗性 芳香族系の溶剤，アルコール系，有機酸類にある程度耐える。 稀酸類，稀アルカリ類には対応できる。	有機溶剤，無機酸類には適さない。
ポリビニルアルコール（PVA）	耐溶剤性に優れている。 ウレタンの使用範囲と重複するところが多い。	水に溶ける。 水分を含むアルコール DMF には使用できない。
ウレタンゴム	耐油脂性，耐溶剤性に優れている。 耐摩耗性，引裂きに強い。 60℃でも固くならない。	DMF，THF，シクロヘキサノンに溶ける。アルコール，ケトン類には強くない。 酸，アルカリに弱い。
シリコンゴム	耐溶剤性は，ウレタンゴムよりも劣る。 ジメチルホルムアミド，シクロヘキサノン，アルコール類に強い。 耐アルカリ性を有する。 素材が無害であり，食品用，医療用に用いられる。 耐熱性：常時200℃，瞬時300℃である。	有機酸，油脂には弱い。 有機溶剤中では，対応できるものが限られている。
フッ素ゴム	有機溶剤中，塩素系，芳香族系溶剤に対して優れている。 耐熱性に優れ，300℃に耐える。 耐ガス透過抵抗に優れている。	エステル類，ケトン類には弱い。 高価

ブチルゴム	有機溶剤中，エステル類，ケトン類に対して優れている。 耐溶剤用手袋としては，フッ素ゴムの補完的な役割を果たす。また，フッ酸に対しても優れた性能を見せる。 無機酸，アルカリにも優れている。 耐ガス透過抵抗に優れている。	芳香族系溶剤には対応できない。 高価
ポリエチレン	熱溶着した使い捨て手袋であり，広範囲に使用できる手袋として開発されたが，まだデータが揃っていない。 今後の研究が待たれる。	熱に弱い。 溶着したところが破れやすい。
エチレン‐ビニルアルコール共重合体(EVOH)	耐油性，耐有機溶剤性に優れ，アルコール，脂肪族化合物，塩素系溶剤，ケトン，エステル等の溶剤に耐性がある（二重にして使用する場合のインナー手袋として使用されることがある。）。	切創強さ，突刺強さ，耐熱性に劣る。
バリア®	多層構造の材質で，強度に優れ，アセトン，イソブチルアルコール，硝酸，スチレン，トルエン，トリクロロエチレン，フッ化水素等に使用できる（インナー手袋として使用されることがある。）。	－
バイトン®フッ素ゴム	耐熱性（通常205℃），耐有機溶剤性，柔軟性に優れる。	低級エステル，エーテル，ケトン，一部のアミン，高温の無水フッ化水素酸，クロロスルホン酸，高温の濃アルカリには使用できない。

(3) ゴグル形保護めがね（JIS T 8147）

　化学薬品取扱いの際の飛まつの飛来，酸等による火傷の危険やヒュームにばく露する危険があるときに使用する。化学薬品専用のゴグル（Goggle）は，薬品の飛まつが飛来して直接眼に入ったり，額に付着し，そこから流下して眼に侵入しないように眼を保護している。

留意事項

　顔面に有機溶剤が激しく吹きつけられたときに，有機溶剤が眼に侵入しないように，眼を十分に保護する必要がある作業のときには，ゴグルだけではなく，フェースシールドも同時に使用することが必要である。

――――≪質問事項≫――――
　1　ゴグル形保護めがねは，どのようなときに有効でしょうか？
　2　ゴグル形保護めがねのみでは，不十分であると思われるような作業状態とはどのようなものですか？
　3　あなたの職場には，フェースシールドとゴグルを組み合わせて使用する必要のある作業としてどのようなものがありますか？

第4章

健 康 管 理

この章で学ぶ主な事項

□有機溶剤中毒の症状

□有機溶剤による健康障害の早期発見のた
　めの健康診断の内容

□健康診断結果に基づく事後措置

□緊急時の対応－退避，応急措置

1　健康診断および事後措置

　健康診断は健康管理の中で重要な意味をもち，特に有機溶剤のように有害な業務に従事する労働者に対して事業者は，有機溶剤による健康障害の早期発見のため，特定の健康診断（特殊健康診断）を実施することが規定されている。

　有機溶剤業務（特別有機溶剤業務を含む）に常時従事する労働者の健康診断は，雇入れの際，当該業務への配置替えの際および6月以内ごとに1回，定期に所定の健康診断項目について実施することが事業者に義務づけられている（有機則第29条，㊓特化則第39条，㊓第41条の2）。

　なお，有機溶剤業務に係る直近の連続した3回の特殊健康診断の結果，当該物質による異常所見があると認められなかった労働者について，次の事項のいずれにも該当するときは，当該健康診断は1年以内ごとに1回，定期に行えば足りる。

① 　作業環境測定結果の評価の結果，直近の評価を含め連続して3回，第1管理区分に区分されたこと
② 　直近の特殊健康診断の実施後に作業方法を変更（軽微な変更を除く。）していないこと

　健康診断項目については，近年，作業環境や作業方法の改善により，労働者が高濃度の有機溶剤にばく露されるような環境のもとで働くことは少なくなり，むしろ，低濃度の有機溶剤にばく露されるような環境のもとで長期にわたって働く労働者の健康への影響が懸念されていることなどから，①有機溶剤の体内摂取状況の把握，②体内摂取された有機溶剤に対する早期の生体側の反応の程度の把握，③有機溶剤による早期の健康障害の把握等を基本とし，次のような項目が定められている。

① 　業務の経歴の調査
② 　作業条件の簡易な調査
③㋑ 　有機溶剤による健康障害の既往歴の有無の検査
　㋺ 　有機溶剤による自覚症状および他覚症状の既往歴の有無の検査
　㋩ 　有機溶剤による⑥～⑧，⑩～⑬に掲げる既往の異常所見の有無の調査
　㋥ 　⑤の既往の検査結果の調査
④ 　有機溶剤による自覚症状または他覚症状と通常認められる症状の有無の検査

⑤　尿中の有機溶剤の代謝物の量の検査

⑥　貧血検査（血色素量，赤血球数）

⑦　肝機能検査（GOT，GPT，γ-GTP）

⑧　眼底検査

（医師が必要と認めた場合に行う項目）

⑨　作業条件の調査

⑩　貧血検査

⑪　肝機能検査

⑫　腎機能検査

⑬　神経学的検査

自覚症状または他覚症状についてのチェック項目

1	頭　重	9	心悸亢進	17	四肢末端部の疼痛
2	頭　痛	10	不　眠	18	知覚異常
3	めまい	11	不安感	19	握力減退
4	悪　心	12	焦燥感	20	膝蓋腱・アキレス腱反射異常
5	嘔　吐	13	集中力の低下	21	視力低下
6	食欲不振	14	振　戦	22	その他
7	腹　痛	15	上気道または眼の刺激症状		
8	体重減少	16	皮膚または粘膜の異常		

　有機溶剤と特別有機溶剤の合計が5％を超えて含有されている特定有機溶剤混合物については，有機則における健康診断の他に，特別有機溶剤が1％を超えるものについては，特別有機溶剤の特化則による健康診断が必要となる。特別有機溶剤については，以下の点に注意が必要である。

①　特化則による特殊健康診断（162頁参照）も対象になること（有機則による特殊健康診断を併せて実施する場合は，共通項目について重ねて実施する必要はない）

②　エチルベンゼン塗装業務，1,2-ジクロロプロパン洗浄・払拭業務，ジクロロメタン（洗浄・払拭業務に限る）については，配置転換後も現に雇用している労働者に対し，同様に特化則による特殊健康診断を実施すること

③　特化則による特殊健康診断の結果の記録は，最低30年間の保管が必要なこと（有機則による特殊健康診断の結果の記録は最低5年間保管）

　健康診断の実施は，企業内で行われる場合と企業外の労働衛生サービス機関に委託して行われる場合があり，その結果は産業医等から受診者本人に通知されること

が望ましい。

　労働者の健康診断は，労働者個人の健康状態をチェックするだけではなく，作業環境，作業方法の良否の判断等に資するための重要な情報源であるので，作業主任者は，健康診断結果について関心を持たなければならない。

有機溶剤中毒予防規則

　（健康診断）

第29条　令第22条第1項第6号の厚生労働省令で定める業務は，屋内作業場等（第3種有機溶剤等にあつては，タンク等の内部に限る。）における有機溶剤業務のうち，第3条第1項の場合における同項の業務以外の業務とする。

②　事業者は，前項の業務に常時従事する労働者に対し，雇入れの際，当該業務への配置替えの際及びその後6月以内ごとに1回，定期に，次の項目について医師による健康診断を行わなければならない。

　1　業務の経歴の調査

　2　作業条件の簡易な調査

　3　有機溶剤による健康障害の既往歴並びに自覚症状及び他覚症状の既往歴の有無の検査，別表の下欄に掲げる項目（尿中の有機溶剤の代謝物の量の検査に限る。）についての既往の検査結果の調査並びに第4号，別表の下欄（尿中の有機溶剤の代謝物の量の検査を除く。）及び第5項第2号から第5号までに掲げる項目についての既往の異常所見の有無の調査

　4　有機溶剤による自覚症状又は他覚症状と通常認められる症状の有無の検査

③　事業者は，前項に規定するもののほか，第1項の業務で別表の上欄に掲げる有機溶剤等に係るものに常時従事する労働者に対し，雇入れの際，当該業務への配置替えの際及びその後6月以内ごとに1回，定期に，別表の上欄に掲げる有機溶剤等の区分に応じ，同表の下欄に掲げる項目について医師による健康診断を行わなければならない。

④　前項の健康診断（定期のものに限る。）は，前回の健康診断において別表の下欄に掲げる項目（尿中の有機溶剤の代謝物の量の検査に限る。）について健康診断を受けた者については，医師が必要でないと認めるときは，同項の規定にかかわらず，当該項目を省略することができる。

⑤　事業者は，第2項の労働者で医師が必要と認めるものについては，第2項及び第3項の規定により健康診断を行わなければならない項目のほか，次の項目の全部又は一部について医師による健康診断を行わなければならない。

　1　作業条件の調査

　2　貧血検査

　3　肝機能検査

　4　腎機能検査

　　5　神経学的検査
⑥　第1項の業務が行われる場所について第28条の2第1項の規定による評価が行われ，かつ，次の各号のいずれにも該当するときは，当該業務に係る直近の連続した3回の第2項の健康診断（当該労働者について行われた当該連続した3回の健康診断に係る雇入れ，配置換え及び6月以内ごとの期間に関して第3項の健康診断が行われた場合においては，当該連続した3回の健康診断に係る雇入れ，配置換え及び6月以内ごとの期間に係る同項の健康診断を含む。）の結果（前項の規定により行われる項目に係るものを含む。），新たに当該業務に係る有機溶剤による異常所見があると認められなかつた労働者については，第2項及び第3項の健康診断（定期のものに限る。）は，これらの規定にかかわらず，1年以内ごとに1回，定期に，行えば足りるものとする。ただし，同項の健康診断を受けた者であつて，連続した3回の同項の健康診断を受けていない者については，この限りでない。
　　1　当該業務を行う場所について，第28条の2第1項の規定による評価の結果，直近の評価を含めて連続して3回，第1管理区分に区分された（第4条の2第1項の規定により，当該場所について第28条の2第1項の規定が適用されない場合は，過去1年6月の間，当該場所の作業環境が同項の第1管理区分に相当する水準にある）こと。
　　2　当該業務について，直近の第2項の規定に基づく健康診断の実施後に作業方法を変更（軽微なものを除く。）していないこと。

(1)　健康診断受診への配慮

　一般に，災害防止対策を念頭に置いた職場の調査を行うと，不安定要因の少ない職場ほど安全な職場であると評価される。災害防止対策では，物（設備，環境）と人（労働力）の両面から不安定要因をチェックし，それらを取り除く努力を続けていかなければならない。

　健康障害予防対策においては，まず最初に健康診断等が行われる。

　企業活動を支えているのは，人である。健康診断は障害予防の入り口と考え積極的に受診しなければならない。

　このため健康診断は，生産活動の一環として位置づけ，労働者全員が受診できるよう計画し，配慮しなければならない。

(2)　健康診断結果に基づく事後措置

　事業者は健康診断の結果労働者の健康を保持するため必要があると認めるときは，労働者の実情を考慮して，就業場所の変更，労働時間の短縮，作業環境測定の実施，設備の改善等を講じなければならない（安衛法第66条の5）。

特殊健康診断の検査項目が充実されたことにより，健康診断による所見も従来と異なった所見が見受けられるようになった。特に，尿中代謝物の量の検査は有機溶剤へのばく露を示す指標の一つである。

有機溶剤取扱い職場の健康管理においては，健康診断結果に基づく作業転換等の事後措置も同様に重要であると考えるべきである。

留意事項

同じ職場でも有機溶剤ばく露の多い作業者と少ない作業者がいる。ばく露が多くなってしまう原因を発見し，これを取り除くことによってばく露を減少させなければならない。例えば，作業者の位置によるものか，作業姿勢によるものか，作業方法が「作業標準」を逸脱しているためのものか等原因と考えられる事項を追究し，原因除去に努めなければならない。

労働安全衛生法

（健康診断）

第66条　事業者は，労働者に対し，厚生労働省令で定めるところにより，医師による健康診断（第66条の10第1項に規定する検査を除く。以下この条及び次条において同じ。）を行わなければならない。

② 事業者は，有害な業務で，政令で定めるものに従事する労働者に対し，厚生労働省令で定めるところにより，医師による特別の項目についての健康診断を行なわなければならない。有害な業務で，政令で定めるものに従事させたことのある労働者で，現に使用しているものについても，同様とする。

③ 事業者は，有害な業務で，政令で定めるものに従事する労働者に対し，厚生労働省令で定めるところより，歯科医師による健康診断を行なわなければならない。

④ 都道府県労働局長は，労働者の健康を保持するため必要があると認めるときは，労働衛生指導医の意見に基づき，厚生労働省令で定めるところにより，事業者に対し，臨時の健康診断の実施その他必要な事項を指示することができる。

⑤ 労働者は，前各項の規定により事業者が行なう健康診断を受けなければならない。ただし，事業者の指定した医師又は歯科医師が行なう健康診断を受けることを希望しない場合において，他の医師又は歯科医師の行なうこれらの規定による健康診断に相当する健康診断を受け，その結果を証明する書面を事業者に提出したときは，この限りでない。

（健康診断の結果の記録）

第66条の3　事業者は，厚生労働省令で定めるところにより，第66条第1項から第4項まで及び第5項ただし書並びに前条（編注：自発的健康診断の結果の提出）の規定による健康診断の結果を記録しておかなければならない。

（健康診断実施後の措置）

第66条の5　事業者は，前条（編注：健康診断の結果についての医師等からの意見聴取）の規定による医師又は歯科医師の意見を勘案し，その必要があると認めるときは，当該労働者の実情を考慮して，就業場所の変更，作業の転換，労働時間の短縮，深夜業の回数の減少等の措置を講ずるほか，作業環境測定の実施，施設又は設備の設置又は整備，当該医師又は歯科医師の意見の衛生委員会若しくは安全衛生委員会又は労働時間等設定改善委員会（労働時間等の設定の改善に関する特別措置法（平成4年法律第90号）第7条に規定する労働時間等設定改善委員会をいう。以下同じ。）への報告その他の適切な措置を講じなければならない。

（第2項，第3項　略）

(3)　健康状態

　健康状態はそれぞれの個人によって，また日によってさまざまであり，ときに体調をくずしていることもありうる。したがって，作業を開始する前等に，労働者個々人のその日の健康状態について，留意することは労働災害防止の観点から重要な意味をもっている。

　労働災害防止対策の一つとして，作業開始前等において，労働者の健康状態にも留意し，不調を訴える者に対しては，医療機関での受診を勧める。

2　緊急時の対応

(1)　事故の場合の退避等

　有機溶剤業務を行う作業場所が，有機溶剤等の漏えいや局所排気装置等の故障などの事故により，有機溶剤による中毒発生のおそれのあるときはただちに作業を中止して労働者を退避させるとともに，当該事故現場の有機溶剤による汚染が除去されるまでは立ち入りを制限しなければならない。

　また，労働者が有機溶剤により著しく汚染され，また，これを大量に吸入したときは，速やかに医師による診察・処置を受けさせなければならない。被災した労働者を清浄な場所へ移動し，衣服をゆるめ，横向きに寝かせて，できるだけ気道を確保した状態で毛布などで体温を保持する。有害物質が滞留している可能性のある場所での救助に当たっては，二次災害防止のため，酸素濃度や有害物質濃度を確認したうえ，給気式呼吸用保護具等を使用して，複数で行う。

(2)　応急措置

　被災者に対する一次救命処置でまず必要なことは，被災者の状況を把握することである。反応，呼吸，気道異物，出血等を確認したうえで119番に通報することになるが，呼吸停止（正常な普段どおりの呼吸をしていない）の場合には，速やかに心肺蘇生を開始する必要がある。

　一次救命処置および有機溶剤が眼に入った場合等の処置については，「有機溶剤作業主任者テキスト」（第10版）第2編第1章の5に説明がある。

第5章

今後における化学物質対策と
作業主任者の役割

この章で学ぶ主な事項
- □労働衛生関係法令等に基づく有害性等の調査，表示
- □作業主任者の職務を遂行するために必要なこと
- □化学物質リスクアセスメントの実施等による有機溶剤中毒の予防

1　化学物質の自律的な管理

　令和4年2月24日，令和4年5月31日の安全衛生法政省令の改正により，リスクアセスメントの結果に基づいた，リスク低減対策を主体とした自律的な管理が導入された。これまで，化学物質の管理については，国は労働災害を起こした化学物質や，労働者に危険有害性を及ぼすおそれのある特定の化学物質を個別に法令で規制し，事業者は法令を遵守することで，労働災害の防止に努めてきた。省令の改正により，危険有害性が確認された化学物質については，リスクアセスメントを実施し，厚生労働大臣が定めるばく露濃度の基準のある物質については，労働者のばく露濃度を基準値以下にする，基準値がない物質については，ばく露を最低限にすることが義務づけられた。また，労働者のばく露防止を主体とするリスク低減措置については，法令で定める一律のばく露防止措置ではなく，事業主がその手段を自律的に選択できるようになった。

　有機溶剤等の管理については，有機則他で詳細に規定されていることから，作業環境測定が義務づけられ，管理濃度の設定されている物質については，厚生労働大臣が定めるばく露濃度の基準は定められなかった。今回の省令改正によって，「専属の化学物質管理専門家」の配置，過去3年間に労働災害，作業環境測定の結果，健康診断の結果など，有機溶剤等の管理の水準が一定以上であると所轄都道府県労働局長が認めた当該作業等について，健康診断および呼吸用保護具に係る規定などの一部を除いて，リスクアセスメントに基づく自律的な管理に委ねるものとしている。

　一方，作業環境測定結果の評価の結果，第3管理区分に区分された場所において，「外部の作業環境管理専門家」の意見聴取により，第1または第2管理区分とすることが可能と判断した場合は，ただちに改善のために必要な措置の実施が求められ，改善措置によっても改善が困難と判断された場合は「保護具着用管理責任者」を選任して，有効な保護具の選択，作業者の適正な使用の措置，保護具の維持管理を行わせることにより，労働者のばく露防止措置を実施することが義務づけられた。

2　有機溶剤作業主任者の役割

　国は，前述した有機溶剤に係る規制の緩和や強化によりもたらされる，化学物質の管理状況や労働災害の発生状況を勘案して，有機則の必要となる規制を残して廃止し，当該規則を遵守する化学物質管理からリスクアセスメントを主体とする自律的な化学物質管理に移行することを想定している。自律的な管理に移行するにあたって，有機溶剤のみならず有機溶剤に付随して使用される化学物質のばく露による作業者の健康障害防止における作業主任者の実務的な役割は，より重要とされる。作業主任者としての職務を遂行するには，

① 作業環境管理についての情報

② 作業管理についての情報

③ 健康管理についての情報

を積極的に入手し，職場の実態や問題点を把握，是正することがより求められることになる。このために，産業医，衛生管理者，職場の管理監督者と有機的な連帯を保つだけでなく，化学物質管理者，保護具着用管理責任者，作業環境管理の専門家，化学物質管理専門家と協調してリスクアセスメントを主体とする化学物質管理を進めることが重要である。

3　最近の法改正

⑴　化学物質管理の水準が一定以上の事業場の個別規制の適用除外

　化学物質管理の水準が一定以上であると所轄都道府県労働局長が認定した事業場
は，その認定に関する特別規則（特化則等）について個別規制の適用を除外し，特
別規則の適用物質の管理を，事業者による自律的な管理（リスクアセスメントに基
づく管理）に委ねることがでる。

⑵　ばく露の程度が低い場合における健康診断の実施頻度の緩和

　有機溶剤，特定化学物質（特別管理物質等を除く），鉛，四アルキル鉛に関する特
殊健康診断の実施頻度について，作業環境管理やばく露防止対策等が適切に実施さ
れている場合には，事業者は，その実施頻度（通常は6月以内ごとに1回）を1年
以内ごとに1回に緩和できる。

⑶　作業環境測定結果が第3管理区分の事業場に対する措置の強化

イ　作業環境測定の評価結果が第3管理区分に区分された場合の義務

　①　当該作業場所の作業環境の改善の可否と，改善できる場合の改善方策につい
　　て，外部の作業環境管理専門家の意見を聴かなければならない。

　②　①の結果，当該場所の作業環境の改善が可能な場合，必要な改善措置を講じ，
　　その効果を確認するための濃度測定を行い，結果を評価しなければならない。

ロ　イ①で作業環境管理専門家が改善困難と判断した場合とイ②の測定評価の結果が第3管理区分に区分された場合の義務

　①　個人サンプリング測定等による化学物質の濃度測定を行い，その結果に応じ
　　て労働者に有効な呼吸用保護具を使用させること。

　②　①の呼吸用保護具が適切に装着されていることを確認すること。

　③　保護具着用管理責任者を選任し，イとハの管理，特定化学物質作業主任者等
　　の職務に対する指導（いずれも呼吸用保護具に関する事項に限る。）等を担当さ
　　せること。

　④　イ①の作業環境管理専門家の意見の概要と，イ②の措置と評価の結果を労働

者に周知すること。

⑤　上記措置を講じたときは，遅滞なくこの措置の内容を所轄労働基準監督署に届け出ること。

ハ　ロの場所の評価結果が改善するまでの間の義務

①　6カ月以内ごとに1回，定期に，個人サンプリング測定等による化学物質の濃度測定を行い，その結果に応じて労働者に有効な呼吸用保護具を使用させること。

②　1年以内ごとに1回，定期に，呼吸用保護具が適切に装着されていることを確認すること。

ニ　その他

①　作業環境測定の結果，第3管理区分に区分され，上記イ，ロの措置を講ずるまでの間の応急的な呼吸用保護具についても，有効な呼吸用保護具を使用させること。

②　ロ①とハ①で実施した個人サンプリング測定等による測定結果，測定結果の評価結果を保存すること（粉じんは7年間，特別管理物質は30年間）。

③　ロ②とハ②で実施した呼吸用保護具の装着確認結果を3年間保存すること。

(4)　皮膚障害，皮膚吸収による健康障害防止に係る措置

労働安全衛生規則（安衛則）第594条において，皮膚もしくは眼に障害を与える物を取り扱う業務，皮膚からの吸収・侵入により健康障害や感染をおこすおそれのある業務において，事業者は労働者のために，塗布剤，不浸透性の保護衣，保護手袋，履物または保護眼鏡等適切な保護具を備えなければならないとされている。

また，安衛則第594条の2において，皮膚もしくは眼に障害を与えるおそれまたは皮膚から吸収され，もしくは皮膚に侵入して，健康障害を生ずるおそれがあることが明らかな「皮膚等障害化学物質等」を製造し，または取り扱う業務（労働安全衛生法（安衛法）およびこれに基づく命令の規定により労働者に保護具を使用させなければならない業務および皮膚等障害化学物質等を密閉して製造し，または取り扱う業務を除く。）に労働者を従事させるときは，不浸透性の保護衣，保護手袋，履物または保護眼鏡等適切な保護具を使用させなければならないとされている。

さらに，安衛則第594条の3において，皮膚等障害化学物質等および皮膚若しくは眼に障害を与えるおそれまたは皮膚から吸収され，もしくは皮膚に侵入して，健康障害を生ずるおそれがないことがわからないものを製造し，または取り扱う業務

に労働者を従事させるときは，当該労働者に保護衣，保護手袋，履物または保眼鏡等適切な保護具を使用させるよう努めなければならないとされており，広範囲の物質に皮膚障害防止規定がかけられていることに留意が必要である。

⑸　化学物質を事業場内で別容器で保管する場合の措置

安衛則第33条の2において（安衛法第57条第1項の規定による表示がされた容器または包装により保管するときを除く）当該物の名称および人体に及ぼす作用について，当該物の保管に用いる容器または包装への表示，文書の交付その他の方法により，当該物を取り扱う者に，明示しなければならないとされている。

これにより ①ラベル表示対象物を，他の容器に移し替えて保管する場合，②自ら製造したラベル表示対象物を，容器に入れて保管する場合にも，最低限のラベル表示が義務となった。この規定は，保管を行う者と保管された対象物を取り扱う者が異なる場合の危険有害性の情報伝達が主な目的のため，一時的に小分けした際の容器や，作業場所に運ぶために移し替えた容器には適用外とされている。

＜記載事項＞

・名称および人体に及ぼす作用（必要に応じて絵表示）

＜情報伝達の方法として＞

・当該容器または包装への表示

・文書の交付

・使用場所への掲示

・必要事項を記載した一覧表の備え付け

・電磁的記録媒体等に記録しその内容を常時確認できる機器を設置する

上記に示した例のほか，「JIS Z 7253」の「5.3.3 作業場内の表示の代替手段」に示された方法によることも可能である。

なお，「化学物質等の危険性又は有害性等の表示又は通知等の促進に関する指針」（平成4年労働省告示第60号）の規定では，第4条（事業者による表示及び文書の作成等）において，安衛則第24条の14第1項のラベル記載事項（イ．名称，ロ．人体に及ぼす作用，ハ．貯蔵又は取扱い上の注意，ニ．表示をする者の氏名（法人にあっては，その名称），住所及び電話番号，ホ．注意喚起語，ヘ．安定性及び反応性）および労働者に注意を喚起するための標章（絵表示）を表示し，ラベルを当該容器に印刷する，貼り付けるまたはくくりつけることを求めている。しかし，労働者の化学物質等の取扱いに支障が生じるおそれがある場合または表示が困難な場合は，当該容器等に名

称および人体に及ぼす作用を表示し，必要に応じ絵表示を併記することとされている。

4　化学物質リスクアセスメントとリスク低減措置

　安衛法第57条の3第3項の規定に基づく「化学物質等による危険性又は有害性
等の調査等に関する指針」は，リスクアセスメントをしなければならない通知対象
物（リスクアセスメント対象物）に起因する危険性または有害性を特定し，リスク
の程度を見積もり，評価し，その結果に基づいてリスクを低減するための優先度を
設定し，リスク低減措置を検討・実施することであり，労働災害防止にはきわめて
有効な手法となるものである。その要点は以下のとおりである。

①　実施体制・実施時期等

　　リスクアセスメントは，全社的な実施体制のもとで推進しなければならない
　が，技術的な事項については，適切な能力を有する化学物質管理者等により実
　施する。

　　リスクアセスメントの実施は，次に掲げる時期に行わなければならない。

　　イ　リスクアセスメント対象物に係る建設物を設置し，移転し，変更し，ま
　　　たは解体するとき。

　　ロ　リスクアセスメント対象物に係る設備，原材料，および作業方法・作業
　　　手順を，新規に採用し，または変更するとき。

　　ハ　リスクアセスメント対象物による危険性または有害性等について変化が
　　　生じ，または生ずるおそれがあるときで，具体的には以下の場合が含まれ
　　　る。

　　　i　過去に提供された安全データシート（SDS）の危険性または有害性に
　　　　係る情報が変更され，その内容が事業者に提供された場合

　　　ii　濃度基準値が新たに設定された場合または当該値が変更された場合

　　このほか，リスクアセスメント対象物に関する労働災害が発生した場合であ
　って，過去のリスクアセスメント等の内容に問題がある場合や，新たな安全衛
　生に関する知見を得たときなどリスクに変化が生じ，または生ずるおそれのあ
　るときにも実施することが必要である。

　　また，化学物質に関する既存の設備等やすでに採用されている作業方法等に
　ついては，計画的にリスクアセスメントを実施し，職場にあるリスクを継続的

に除去・低減していくことが大切である。

② 対策の選択と情報の入手

　事業場において製造または取り扱うすべてのリスクアセスメント対象物をリスクアセスメントの対象とする。

　リスクアセスメントを実施する場合に事前に入手する必要がある情報としては，安全データシート（SDS），関連する機械設備等についての危険性または有害性に関する情報，作業標準・作業手順等，作業環境測定結果，特殊健康診断結果，生物学的モニタリング結果，個人ばく露濃度の測定結果などがある。また，新たなリスクアセスメント対象物の提供等を受ける場合には，当該リスクアセスメント対象物を譲渡し，または提供する者から，該当するSDSを入手することが必要である。

③ 危険性または有害性の特定

　作業標準等に基づき，リスクアセスメント対象物による危険性または有害性を特定するために必要な単位で作業を洗い出した上で，国連勧告として公表された「化学品の分類および表示に関する世界調和システム（以下「GHS」という。）」で示されている危険性または有害性の分類等に則して，各作業における危険性または有害性を特定する。また，管理濃度や労働ばく露限界（許容濃度など）が定められている場合はこれを用いても構わない。

④ リスクの見積り

　リスク低減の優先度を決定するため，リスクは，「リスクアセスメント対象物により発生するおそれのある負傷または疾病の重篤度」および「それらの発生の可能性の度合」を考慮して見積りを行う。

　リスクアセスメント対象物による疾病のリスクの場合には，「リスクアセスメント対象物の有害性の度合（強さ）」および「ばく露の量」のそれぞれを考慮して，見積もることができる。

　具体的には，リスクアセスメント対象物への労働者のばく露量を測定し，測定結果を日本産業衛生学会の許容濃度等のばく露限界と比較してリスクを見積もる方法が確実性の高い手法である。

　ばく露量の測定方法としては，作業者に個人サンプラー等を装着して呼吸域付近の気中濃度を測定する個人ばく露測定のほか，一般的に広く普及している作業環境測定の気中濃度と作業状況からばく露量を見積もる方法や労働者の血液，尿，呼気および毛髪等の生体試料中の化学物質またはその代謝物の量を測

定し，人の体内に侵入した化学物質のばく露量を把握する生物学的モニタリング方法がある。いずれの方法も，測定値の精度やばらつき，作業時間，作業頻度，換気状況などから，日間変動や場所的または時間的変動等を考慮する必要がある。

　また，これらの方法によるばく露のデータがない場合には，化学物質の使用量，物性（沸点，蒸気圧，蒸発速度等），作業場の環境状態（温度，換気等）からばく露量を推定し，ばく露限界と比較してリスクを見積もる方法がある。

　厚生労働省は，リスクアセスメント対象物についての特別の専門的知識がなくても定性的なリスクアセスメントが実施できる「厚生労働省版コントロール・バンディング」や比較的少量のリスクアセスメント対象物を取扱う事業者に向けた「CREATE-SIMPLE（クリエイト・シンプル）」（図5—1）などを準備している。これらのリスクアセスメントの支援ツールは，https://anzeninfo.mhlw.go.jp/ のウエブサイトから無料で利用できる。

⑤　リスク低減措置の検討および実施

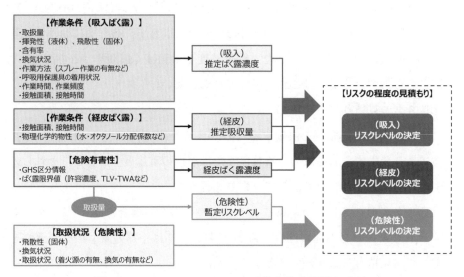

図5—1　CREATE-SIMPLE の基本的な見積り方法
（出典：厚生労働省「職場のあんぜんサイト」https://anzeninfo.mhlw.go.jp/）

　　リスクの見積りにより低減の優先度が決定すると，その優先度に従ってリスク低減措置の検討を行う。

　　法令に定められた事項がある場合にはそれを必ず実施するとともに，表5—1に掲げる優先順位に従いリスク低減措置の内容を検討したうえ実施する。

　　なお，表中のア〜エの措置を検討する場合には，安易にウやエの措置に頼るのではなく，アやイの本質安全化等の措置をまず検討し，ウやエの措置はアやイの補完措置であるに過ぎないことに留意する。また，リスクアセスメント対象物の名称，当該業務の内容，リスクアセスメントの結果および実施した措置内容については項目別に実施日と実施者を明記した上で記録を残しておく。

表5—1　リスク低減措置

項目	内容	
(1)	法令に定められた措置がある場合にはそれを必ず実施するほか，法令に定められた措置がない場合には，次に掲げる優先順位でリスク低減措置の内容を検討するものとする。	
ア	危険性又は有害性のより低い物質への代替，化学反応のプロセス等の運転条件の変更，取り扱うリスクアセスメント対象物の形状の変更等又はこれらの併用によるリスクの低減	・物質を代替する場合には，その代替物の危険有害性が低いことを，GHS区分やばく露限界値と蒸気圧や沸点などをもとに確認。確認できない場合には，代替すべきではない。 ・温度や圧力などの運転条件を変えて発散量を減らす。
イ	リスクアセスメント対象物に係る機械設備等の防爆構造化，安全装置の二重化等の工学的対策又はリスクアセスメント対象物係る機械設備等の密閉化，局所排気装置の設置等の衛生工学的対策	・蓋のない容器に蓋をつける。 ・容器を密閉する。 ・局所排気装置のフード形状を囲い込み型に改良する。 ・作業場所に拡散防止のためのパーテーション（間仕切り，ビニールカーテンなど）を付ける。 ・全体換気により作業場全体の気中濃度を下げる。
ウ	作業手順の改善，立入禁止等の管理的対策	・発散の少ない作業手順に見直す。 ・作業手順書，立入禁止場所などを守るための教育を実施
エ	リスクアセスメント対象物の有害性に応じた有効な保護具の使用	・防毒マスクを使用する。 （使用期限（破過など），保管方法，着用方法の訓練）
(2)	当該措置により十分にリスクが低減される場合には，当該措置よりも優先順位の低い措置の検討まで要するものではない。 リスク低減に要する負担がリスク低減による労働災害防止効果と比較して大幅に大きく，両者に著しい不均衡が発生する場合であって，措置を講ずることを求めることが著しく合理性を欠くと考えられるときを除き可能な限り高い優先順位のリスク低減措置を実施する必要があるものとする。	
(3)	死亡，後遺障害又は重篤な疾病をもたらすおそれのあるリスクに対して，適切なリスク低減措置の実施に時間を要する場合は，暫定的な措置を直ちに講ずる。	
(4)	リスク低減措置を講じた場合には，当該措置を実施した後に見込まれるリスクを見積もることが望ましい。	

化学物質等による危険性又は有害性等の調査等に関する指針（令和5年4月27日付け指針公示第4号）および化学物質等による危険性又は有害性等の調査等に関する指針について（令和5年4月27日付け基発0427第3号）より

〈参考〉　JIS Z 7253：2019 による危険有害性クラス，危険有害性区分，ラベル要素

危険有害性クラス		危険有害性区分	ラベル要素（例）	
			注意喚起語	絵　表　示
物理化学的危険性	爆発物	不安定爆発物 等級 1.1 ～ 1.3	危険	
		等級 1.4	警告	
		等級 1.5	危険	絵表示なし
		等級 1.6	喚起語なし	
	可燃性ガス	1　可燃性ガス 　　自然発火性ガス	危険	
		1A　化学的に不安定なガス 2　　可燃性ガス	喚起語なし	追加的絵表示なし
		2	警告	絵表示なし
	エアゾール	1	危険	
		2	警告	
		3	警告	絵表示なし
	酸化性ガス	1	危険	
	高圧ガス	圧縮ガス，液化ガス， 深冷液化ガス，溶解ガス	警告	
	引火性液体	1，2	危険	
		3	警告	
		4	警告	絵表示なし
	可燃性固体	1	危険	
		2	警告	
	自己反応性化学品	タイプ A	危険	

危険有害性クラス	危険有害性区分	ラベル要素（例）	
		注意喚起語	絵　表　示
自己反応性化学品	タイプ B	危険	
	タイプ C, D	危険	
	タイプ E, F	警告	
	タイプ G	喚起語なし	ラベル要素の指定なし
自然発火性液体	1	危険	
自然発火性固体	1	危険	
自己発熱性化学品	1	危険	
	2	警告	
水反応可燃性化学品	1, 2	危険	
	3	警告	
酸化性液体	1, 2	危険	
	3	警告	
酸化性固体	1, 2	危険	
	3	警告	
有機過酸化物	タイプ A	危険	
	タイプ B	危険	

危険有害性クラス		危険有害性区分	ラベル要素（例）	
			注意喚起語	絵　表　示
物理化学的危険性	有機過酸化物	タイプ C, D	危険	
		タイプ E, F	警告	
		タイプ G	喚起語なし	ラベル要素の指定なし
	金属腐食性化学品	1	警告	
	鈍性化爆発物	1, 2	危険	
		3, 4	警告	
健康有害性	急性毒性（経口）	1〜3	危険	
		4	警告	
	急性毒性（経皮）	1〜3	危険	
		4	警告	
	急性毒性（吸入）	1〜3	危険	
		4	警告	
	皮膚腐食性／刺激性	1（1A, 1B, 1C を含む）	危険	
		2	警告	

危険有害性クラス	危険有害性区分	ラベル要素（例）	
		注意喚起語	絵表示
眼に対する重篤な損傷性／眼刺激性	1	危険	（絵表示）
	2/2A	警告	（絵表示）
	2B	警告	絵表示なし
呼吸器感作性	1（1A，1B）	危険	（絵表示）
皮膚感作性	1（1A，1B）	警告	（絵表示）
生殖細胞変異原性	1（1A，1B）	危険	（絵表示）
	2	警告	
発がん性	1（1A，1B）	危険	（絵表示）
	2	警告	
生殖毒性	1（1A，1B）	危険	（絵表示）
	2	警告	
	授乳に対する又は授乳を介した影響	喚起語なし	絵表示なし
特定標的臓器毒性（単回ばく露）	1	危険	（絵表示）
	2	警告	
	3	警告	（絵表示）
特定標的臓器毒性（反復ばく露）	1	危険	（絵表示）
	2	警告	
誤えん有害性	1	危険	（絵表示）

健康および環境有害性

	危険有害性クラス	危険有害性区分	ラベル要素（例）	
			注意喚起語	絵　表　示
環境有害性	水生環境有害性 短期（急性）	1	警告	
		2，3	喚起語なし	絵表示なし
	水生環境有害性 長期（慢性）	1	警告	
		2	喚起語なし	
		3，4	喚起語なし	絵表示なし
	オゾン層への有害性	1	警告	

第6章

特別有機溶剤等に関する規制
―特別有機溶剤に係る特化則・有機則の関係―

この章で学ぶ主な事項

□特別有機溶剤とは何か

□労働衛生関係法令による特別有機溶剤等
　の規制の内容

□有機則と特化則の関係

1　特別有機溶剤，特別有機溶剤等とは

　平成 24 年～平成 26 年の特化則の改正，平成 26 年の有機則の改正に伴い，エチルベンゼンおよび 1,2-ジクロロプロパンの 2 物質と，それまで有機則で規制されていたクロロホルム，四塩化炭素，1,4-ジオキサン，1,2-ジクロロエタン（別名二塩化エチレン），ジクロロメタン（別名二塩化メチレン），スチレン，1,1,2,2-テトラクロロエタン（別名四塩化アセチレン），テトラクロロエチレン（別名パークロルエチレン），トリクロロエチレンおよびメチルイソブチルケトンの 10 物質をあわせた合計 12 物質が，特化則第 2 条第 1 項第 3 号の 2 で「特別有機溶剤」（特化物，第 2 類・特別管理物質）と位置づけられ，特化則で規制（有機則を一部準用）されることとなった（図 6—1）。

　また，同項第 3 号の 3 では，これらの特別有機溶剤に加えて，特別有機溶剤を単一成分として，重量の 1%超えて含有するもの，および特別有機溶剤または労働安全衛生法施行令別表第 6 の 2 の有機溶剤の含有量（これらのものが 2 種類以上含まれる場合は，それらの含有量の合計）が 5%を超えて含有するものを含めて「特別有機溶剤等」とし，同様に規制することとなった。

　これらの物質は，通常，溶剤として使用されているものであるが，国が専門家を集めて行った化学物質による労働者の健康障害防止に係るリスク評価（化学物質のリスク評価検討会）において，職業がんの原因となる可能性があることを踏まえ，記録の保存期間の延長等の措置について検討する必要があるとされたものである。

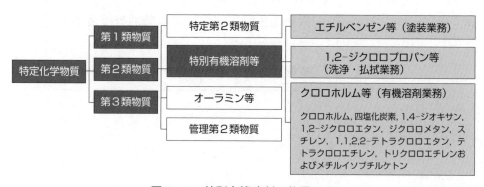

図6—1　特別有機溶剤の位置づけ

2 規制の対象

　特別有機溶剤等に関する規制の対象は，大きく次の３つに分けられる。なお，これらを総称して，特別有機溶剤業務という。

(1) クロロホルム等有機溶剤業務

　特化則では，特別有機溶剤のうち，エチルベンゼンおよび1,2-ジクロロプロパンを除いた10物質（クロロホルム，四塩化炭素，1,4-ジオキサン，1,2-ジクロロエタン，ジクロロメタン，スチレン，1,1,2,2-テトラクロロエタン，テトラクロロエチレン，トリクロロエチレンおよびメチルイソブチルケトン（以下，「クロロホルムほか９物質」））およびこれらを含有する製剤その他の物を総称して「クロロホルム等」としている。これらは，従来，有機溶剤として有機則の対象とされてきたが，化学物質のリスク評価検討会において職業がんの原因となる可能性があるとされて，平成26年の法改正により特定化学物質とされたものである。

　「クロロホルム等有機溶剤業務」とは，そのクロロホルム等を単一成分で1％を超えて含有する製剤その他の物に加えて，クロロホルム等の含有量が，単一成分で，重量の1％以下であって，特別有機溶剤および有機溶剤の含有量の合計が重量の5％を超える製剤その他の物を用いて屋内作業場等で行う次の業務をいう（特化則第2条の2第1号イ）。

　① クロロホルム等を製造する工程におけるクロロホルム等のろ過，混合，攪拌，加熱又は容器若しくは設備への注入の業務

　② 染料，医薬品，農薬，化学繊維，合成樹脂，有機顔料，油脂，香料，甘味料，火薬，写真薬品，ゴム若しくは可塑剤又はこれらのものの中間体を製造する工程におけるクロロホルム等のろ過，混合，攪拌又は加熱の業務

　③ クロロホルム等を用いて行う印刷の業務

　④ クロロホルム等を用いて行う文字の書込み又は描画の業務

　⑤ クロロホルム等を用いて行うつや出し，防水その他物の面の加工の業務

　⑥ 接着のためにするクロロホルム等の塗布の業務

　⑦ 接着のためにクロロホルム等を塗布された物の接着の業務

⑧　クロロホルム等を用いて行う洗浄（⑫に掲げる業務に該当する洗浄の業務を除く。）又は払拭の業務

⑨　クロロホルム等を用いて行う塗装の業務（⑫に掲げる業務に該当する塗装の業務を除く。）

⑩　クロロホルム等が付着している物の乾燥の業務

⑪　クロロホルム等を用いて行う試験又は研究の業務

⑫　クロロホルム等を入れたことのあるタンク（クロロホルムほか9物質の蒸気の発散するおそれがないものを除く）の内部における業務

⑵　エチルベンゼン塗装業務

エチルベンゼンは，一般に溶剤として使用されているものであるが，ヒトに対する発がん性のおそれが指摘されており，国の化学物質のリスク評価検討会において，屋内作業場における塗装の業務について管理が必要であるとされたものである。

「エチルベンゼン塗装業務」とは，エチルベンゼンおよびそれを重量の1%を超えて含有する製剤その他の物に加えて，エチルベンゼンの含有量が重量の1%以下であって，特別有機溶剤及び有機溶剤の含有量の合計が重量の5%を超える製剤その他の物を用いて屋内作業場等で行う塗装業務をいう（特化則第2条の2第1号ロ）。

⑶　1,2-ジクロロプロパン洗浄・払拭業務

1,2-ジクロロプロパンは，国内で長期間にわたる高濃度のばく露があった労働者に胆管がんを発症した事例により，ヒトに胆管がんを発症する可能性が明らかになったことに加え，国の化学物質のリスク評価検討会において，洗浄または払拭の業務に従事する労働者に高濃度のばく露が生ずるリスクが高く，健康障害のリスクが高いとされたものである。有機溶剤と同様に溶剤として使用される実態にある。そのため，それらの有害性と使用の実態を考慮した健康障害防止措置を取ることが必要とされているものである。

「1,2-ジクロロプロパン洗浄・払拭業務」とは，その1,2-ジクロロプロパンおよびこれを重量の1%を超えて含有する製剤その他の物に加えて，1,2-ジクロロプロパンの含有量が重量の1%以下であって，特別有機溶剤および有機溶剤の含有量の合計が重量の5%を超える製剤その他の物を用いて屋内作業場等で行う洗浄・払拭の業務をいう（特化則第2条の2第1号ハ）。

3　規制の内容

(1)　規制の概念

　特別有機溶剤等に係る規制内容の概念を図6—2に示す。図中の「特化則別表第1（第37号を除く）で示す範囲」（A1とA2）については，発がん性に着目し，ほかの特定化学物質と同様に特化則の規制が適用されるが，発散抑制措置，呼吸用保護具等については，有機則の規定が準用される。また，「特化則別表第1第37号で示す範囲」（B）については，有機則と同様の規制が適用される。

　なお，この図は特化則に係る規制の概念を示し，有機溶剤はいずれも「特別有機溶剤と有機溶剤との合計が5%」を超えるか否かで区別している。有機溶剤の合計が5%を超える場合は，特別有機溶剤の量に関係なく有機則が適用される。

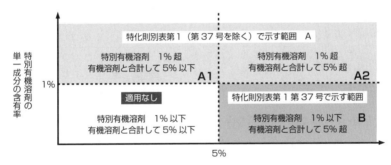

特別有機溶剤規制の概要

	特別有機溶剤の含有量	規制の概要
A	特別有機溶剤の単一成分の含有量が重量の1%を超えるもの（特別有機溶剤と有機則の有機溶剤の合計含有量が重量の5%以下のものはA1，5%を超えるものはA2）	発がん性に着目し，他の特定化学物質と同様の規制を適用。ただし，発散抑制措置，呼吸用保護具等については有機則の規定を準用
B	特別有機溶剤の単一成分の含有量が重量の1%以内で，かつ特別有機溶剤と有機則の有機溶剤の合計含有量が重量の5%を超えるもの（有機溶剤のみで5%を超えるものは除く）	有機溶剤と同様の規制

図6—2　特別有機溶剤等に係る規制内容の概念図

(2)　規制の内容

　特別有機溶剤は溶剤として使用される実態があり，それに応じた健康障害防止措置を規定する必要があることから，特化則第5章の2の「特殊な作業等の管理」の第38条の8に基づき，有機則の規定の一部が準用（適用）されることになっている。

　表6―1,　表6―2は,　特別有機溶剤業務に適用される特化則と有機則の規定を整理したものである。また表6―3は,　これまで有機則で規制されてきたクロロホルムほか9物質について,新規に必要な措置と継続する措置を整理したものである。

　特別有機溶剤等の規制で特に注意すべき点は以下のとおりである。

① 　特別有機溶剤業務については,　有機溶剤作業主任者技能講習の修了者の中から,　特定化学物質作業主任者を選任し,　その任にあたらせる必要があること。

② 　有機則の準用（適用）に当たっては,　クロロホルムほか9物質は改正前の種別（第1種有機溶剤,　第2種有機溶剤）に,　エチルベンゼンと1,2―ジクロロプロパンは第2種有機溶剤に読み替えて適用されること（特化則第38条8の読み替え表）。なお,　特別有機溶剤と有機溶剤との混合物が第1種～第3種のいずれになるかは,　これまでの有機則の適用とほぼ同様であるが,　第1種の特別有機溶剤の単一成分が1％を超えて含有するものは,　第1種有機溶剤等に,　第2種の特別有機溶剤の単一成分が1％を超えて含有するものは,　第2種有機溶剤等になるので注意が必要である。

第1種有機溶剤として読み替えるもの	クロロホルム,　四塩化炭素,　1,2―ジクロロエタン,　1,1,2,2―テトラクロロエタン,　トリクロロエチレン
第2種有機溶剤として読み替えるもの	エチルベンゼン,　1,2―ジクロロプロパン,　1,4―ジオキサン,　ジクロロメタン（別名二塩化メチレン）,　スチレン,　テトラクロロエチレン,　メチルイソブチルケトン

③ 　クロロホルムほか9物質について,　改正前と大きく異なる点として,　混合物において,　これまでは含まれる有機溶剤（特別有機溶剤を含む）の合計が重量の5％を超えないと有機則が適用とならなかったが,　混合物内の特別有機溶剤の単一成分が重量の1％を超えると特化則の適用になること。

④ 　作業環境測定,特殊健康診断については,　有機則,　特化則の両規制がかかり,　濃度によって実施と記録の保存年限が異なること（表6―4,　表6―5）。

⑤ 　特化物の特別管理物質としての掲示（特化則第38条の3）,　有機溶剤としての掲示（有機則第24条）の両方の対応が必要なこと（表6―6）。なお,　両規則による掲示の共通部分を重ねて表示しなくてよい。

⑥ 　特別有機溶剤業務にかかる作業の記録を作成し,30年間保存する必要があること（特化則第38条の4）。

表6—1 特別有機溶剤等にかかる特化則の適用整理表

注）本表には有機則の準用は含まない。

条文		内容	特別有機溶剤の単一成分の含有量が1%超	特別有機溶剤の単一成分の含有量が1%以下(注)
第1章 総則	2	定義	「特別有機溶剤等」●	
	2の2	適用除外業務	上記2の規制対象となる業務以外の業務を除外	
第2章 製造等に係る措置	3	第1類物質の取扱いに係る設備	×	
	4	特定第2類物質，オーラミン等の製造等に係る設備	×	
	5	特定第2類物質，管理第2類物質に係る設備	×	
	6〜6の3	第4条，第5条の措置の適用除外	×	
	7	局所排気装置等の要件	×	
	8	局所排気装置等の稼動時の要件	×	
第3章 用後処理	9	除じん装置	×	
	10	排ガス処理装置	×	
	11	廃液処理装置	×	
	12	残さい物処理	×	
	12の2	ぼろ等の処理	●※1	×
第4章 漏えいの防止	13〜20	第3類物質等の漏えいの防止	×	
	21	床の構造	×	
	22・22の2	設備の改造等	●※1	×
	23	第3類物質等が漏えいした場合の退避等	×	
	24	立入禁止措置	●※1	×
	25	容器等	●※2	●(一部適用)
	26	第3類物質等が漏えいした場合の救護組織等	×	
第5章 測定	27・28	作業主任者の選任，職務	●（有機溶剤作業主任者技能講習を修了した者から選任）	
	29〜35	定期自主検査，点検，補修等	×	
	36〜36の4	作業環境測定	●	×
	37	休憩室	●※1	×
	38	洗浄設備	●	×
	38の2	喫煙，飲食等の禁止	●※1	×
	38の3	掲示	●	×
	38の4	作業記録	●	×
第6章 健康診断	39〜41	健康診断	●※3	×
	42	緊急診断	●	●(一部適用)
第7章 保護具	43〜45	呼吸用保護具，保護衣等の備え付け等	●※1	×
第8章 製造許可等	46〜50の2	製造許可等に係る手続き等	×	
第9章 技能講習	51	特定化学物質及び四アルキル鉛等作業主任者技能講習	×	
第10章 報告	53	記録の報告	●	×

(注) 特別有機溶剤と有機溶剤の含有量の合計が重量の5%を超えるものに限る。

※1 クロロホルム等を除く。

※2 クロロホルム等は，第25条第2〜3項を除く。

※3 エチルベンゼン塗装業務，1,2-ジクロロプロパン洗浄・払拭業務，ジクロロメタン（洗浄・払拭業務に係る）については，配置転換後も現に雇用している者に，引き続き実施

表6—2　特別有機溶剤等にかかる有機則の準用整理表

条文		内容	特別有機溶剤の含有量が1%超	特別有機溶剤の含有量が1%以下（注）	有機則の準用を示す特化則条文
第1章 総則	1	定義		●	
	2	適用除外（許容消費量）	●（※1）	●（※3）	
	3・4	適用除外（署長認定）	●（※2）	●（※4）	
	4の2	適用除外（局長認定）	●（※5）	●（※6）	
第2章 設備	5	第1種有機溶剤等，第2種有機溶剤等に係る設備		●	
	6	第3種有機溶剤等に係る設備		●	
	7～13の3	第5条，第6条の措置の適用除外		●	
第3章 換気装置の性能等	14～17	局所排気装置等の要件		●	38条 の8
	18	局所排気装置等の稼動時の要件		●	
	18の2・ 18の3	局所排気装置等の稼動の特例許可		●	
第4章 管理	19・19の2	作業主任者の選任，職務		×	
	20～23	定期自主検査，点検，補修		●	
	24	掲示		●	
	25	区分の表示		●	
	26	タンク内作業		●	
	27	事故時の退避等		●	
第5章 測定	28～28の4	作業環境測定	●（※7・8）	●（※8）	36条 の5
第6章 健康診断	29～30の3	健康診断	●（※7・9）	●（※9）	41条 の2
	30の4	緊急診断		×	
	31	健康診断の特例	●（※7）	●	
第7章 保護具	32～34	送気マスク等の使用，保護具の備え付け等		●	
第8章 貯蔵と空容器の処理	35・36	貯蔵，空容器の処理		×	38条 の8
第9章 技能講習	37	有機溶剤作業主任者技能講習		● （特化則第27条により適用）	

（注）特別有機溶剤と有機溶剤の含有量の合計が重量の5%を超えるものに限る。
※1　第2章，第3章，第4章（第27条を除く。），第7章および第9章について適用除外
※2　第2章，第3章，第4章（第27条を除く。），第5章，第6章，第7章，第9章および特化則第42条第2項について適用除外
※3　第2章，第3章，第4章（第27条を除く。），第7章，第9章および特化則第27条について適用除外
※4　第2章，第3章，第4章（第27条を除く。），第5章，第6章，第7章，第9章および特化則第27条，第42条第3項について適用除外
※5　第2章，第3章，第4章（第27条を除く。），第5章，第7章（第32条および第33条を除く），第9章および特化則第42条第3項について適用除外
※6　第2章，第3章，第4章（第27条を除く。），第5章，第7章（第32条および第33条を除く），第9章および特化則第27条，第42条第3項について適用除外
※7　特別有機溶剤および有機溶剤の含有量が5%以下のものを除く。
※8・9　作業環境測定に係る保存義務は3年間，健康診断に係る保存義務は5年間。

編注：表6—1，6—2，6—3は平成24年10月26日付基発1026第6号・雇児発1026第2号，平成25年8月27日付基発0827第6号，平成26年9月24日付基発0924第6号・雇児発0924第7号および令和4年5月31日付基発0531第9号により作成したもの。

表6—3　クロロホルムほか9物質の措置内容

措置内容	平成26年改正前の主な条文（有機則）	平成26年改正後の主な条文（特化則）		主な変更点	濃度範囲（※）		
					A1	A2	B
発散抑制措置	有機則第5条	特化則第38条の8（有機則第5条準用）	継続	従来と同様の措置（局所排気装置等の設置）が必要★	●	●	●
定期自主検査	有機則第20条第2項	特化則第38条の8（有機則第20条第2項準用）	継続	従来と同様の措置（局所排気装置等の1年以内ごとに1回の検査）が必要★	●	●	●
作業主任者	有機則第19条第2項	特化則第27条第1項	新規	有機溶剤作業主任者講習修了者から特定化学物質作業主任者の選任が必要★	●	●	●
作業環境測定と記録の保存	有機則第28条第2項,3項（単一又は混合物成分の測定と3年間保存）	特化則第36条第1項,3項	新規	クロロホルムほか9物質の単一成分（1%超の場合）の測定が必要。記録は30年間保存★	●	●	
		特化則第36条の5（有機則第28条第2項,3項準用）	継続	特別有機溶剤と有機溶剤の混合物（合計して5%超の場合）の測定が必要。記録は3年間保存		●	●
作業環境測定評価と記録の保存	有機則第28条の2第1項,2項（単一又は混合物成分の測定評価と3年間保存）	特化則第36条の2第1項,3項	新規	クロロホルムほか9物質の単一成分（1%超の場合）の測定の評価が必要。記録は30年間保存★	●	●	
		特化則第36条の5（有機則第28条の2第1項,2項準用）	継続	特別有機溶剤と有機溶剤の混合物（合計して5%超の場合）の測定の評価が必要。記録は3年間の保存		●	●
健康診断	有機則第29条第2項,3項,5項（有機則健診の実施）	特化則第39条第1項	新規	現在の作業従事者について，クロロホルムほか9物質の単一成分（1%超の場合）の特化物健診が必要★	●	●	
		特化則第39条第2項	新規	過去の作業従事者について，ジクロロメタン（洗浄・払拭業務）は，単一成分（1%超の場合）の特化物健診が必要★	●	●	
		特化則第41条の2（有機則第29条第2項,5項準用）	継続	現在の作業従事者について，特別有機溶剤と有機溶剤の混合物（合計して5%超の場合）の有機溶剤健診が必要		●	●
健康診断結果の保存	有機則第30条（有機溶剤等健康診断個人票の5年間保存）	特化則第40条第2項	新規	クロロホルムほか9物質の単一成分（1%超の場合）の特化物健診の様式（特定化学物質健康診断個人票）により記録が必要。記録は30年間保存★	●	●	
		特化則第41条の2（有機則第30条準用）	継続	特別有機溶剤と有機溶剤の混合物（合計して5%超の場合）の有機溶剤健診の様式（有機溶剤等健康診断個人票）により記録が必要。記録は5年間保存		●	●
健康診断の結果報告	有機則第30条の3（有機溶剤等健康診断結果報告書の提出）	特化則第41条	新規	クロロホルムほか9物質の単一成分（1%超の場合）の特化物健診の様式（特定化学物質健康診断結果報告書）により報告が必要★	●	●	
		特化則第41条の2（有機則第30条の3準用）	継続	特別有機溶剤と有機溶剤の混合物（合計して5%超の場合）の有機溶剤健診の様式（有機溶剤等健康診断結果報告書）により報告が必要		●	●
掲示	有機則第24条第1項	特化則第38条の8（有機則第24条第1項準用）	継続	従来と同様の措置（人体に与える影響，取扱注意事項の掲示）が必要★	●	●	●
区分表示	有機則第25条第1項,2項	特化則第38条の8（有機則第25条第1項,2項準用）	継続	従来と同様の措置（有機溶剤の区分表示）が必要★	●	●	●
溶剤の貯蔵	有機則第35条	特化則第25条第1項	新規	特化則に基づく堅固な容器・確実な包装が必要★	●	●	●
		特化則第25条第5項	新規	特化則に基づく貯蔵場所へ立入禁止，蒸気の排出設備の措置が必要★	●	●	●
空容器の処理	有機則第36条	特化則第25条第4項	新規	特化則に基づく発散防止措置，一定の保管場所へ集積の措置が必要★	●	●	●

★は，従来有機則の対象となっていなかった「クロロホルムほか9物質の単一成分で1%超，かつ特別有機溶剤と有機溶剤の合計の含有率が5%以下のもの」も対象に追加されるものである（経過措置あり）
※ A1，A2，Bの区分は図6—2参照のこと

表6―4　作業環境測定の適用

	A（特別有機溶剤の単一成分1%超）		B（特別有機溶剤の単一成分1%以下であって，特別有機溶剤と有機溶剤の合計5%超）
	特別有機溶剤と有機溶剤の合計5%以下 A1	特別有機溶剤と有機溶剤の合計5%超 A2	
特別有機溶剤の測定	○（30年）	○（30年）	×
混合有機溶剤の各成分の測定	×	○（3年）	○（3年）

※特別有機溶剤と有機溶剤との合計の含有率が重量の5%を超える場合は，有機則で測定が義務づけられている有機溶剤混合物についても測定
※（　）内は測定と評価の記録の保存期間

表6―5　健康診断の適用

	A（特別有機溶剤の単一成分1%超）		B（特別有機溶剤の単一成分1%以下であって，特別有機溶剤と有機溶剤の合計5%超）
	特別有機溶剤と有機溶剤の合計5%以下 A1	特別有機溶剤と有機溶剤の合計5%超 A2	
特別有機溶剤の特殊健康診断	○（30年）	○（30年）	×
過去に特別有機溶剤業務に従事させたことのある労働者の特化則に定める特殊健康診断	○（30年）（一部の業務＊）	○（30年）（一部の業務＊）	×
有機則に定める特殊健康診断	×	○（5年）	○（5年）
緊急診断	○	○	○

＊エチルベンゼン塗装業務，1,2-ジクロロプロパン洗浄・払拭業務，ジクロロメタン洗浄・払拭業務のみ対象
※（　）内の数字は記録の保存期間

表6―6　特別有機溶剤の掲示

掲示（特化則第38条の3，特化則第38条の8（有機則第24条））区分表示（特化則第38条の8（有機則第25条））	A	B
特別有機溶剤についての掲示 ・名称　　・生ずるおそれのある疾病の種類及びその症状 ・取扱い上の注意事項　　・使用すべき保護具	○	－
有機溶剤についての掲示 ・生ずるおそれのある疾病の種類及びその症状 ・取扱い上の注意　　・中毒が発生した時の応急措置	○	○
有機溶剤等の区分表示（色分け等の方法）	○	○

特定化学物質障害予防規則（抄）

（定義等）

第2条　この省令において，次の各号に掲げる用語の意義は，当該各号に定めるところによる。

1　第1類物質　労働安全衛生法施行令（以下「令」という。）別表第3第1号に掲げる物をいう。

2　第2類物質　令別表第3第2号に掲げる物をいう。

3　特定第2類物質　第2類物質のうち，令別表第3第2号1，2，4から7まで，8の2，12，15，17，19，19の4，19の5，20，23，23の2，24，26，27，28から30まで，31の2，34，35及び36までに掲げる物並びに別表第1第1号，第2号，第4号から第7号まで，第8号の2，第12号，第15号，第17号，第19号，第19号の4，第19号の5，第20号，第23号，第23号の2，第24号，第26号，第27号，第28号から第30号まで，第31号の2，第34号，第35号及び第36号に掲げる物をいう。

3の2　特別有機溶剤　第2類物質のうち，令別表第3第2号3の3，11の2，18の2から18の4まで，19の2，19の3，22の2から22の5まで及び33の2に掲げる物をいう。

3の3　特別有機溶剤等　特別有機溶剤並びに別表第1第3号の3，第11号の2，第18号の2から第18号の4まで，第19号の2，第19号の3，第22号の2から第22号の5まで，第33号の2及び第37号に掲げる物をいう。

4　オーラミン等　第2類物質のうち，令別表第3第2号8及び32に掲げる物並びに別表第1第8号及び第32号に掲げる物をいう。

5　管理第2類物質　第2類物質のうち，特定第2類物質，特別有機溶剤等及びオーラミン等以外の物をいう。

6　第3類物質　令別表第3第3号に掲げる物をいう。

7　特定化学物質　第1類物質，第2類物質及び第3類物質をいう。

（以下　略）

（適用の除外）

第2条の2　この省令は，事業者が次の各号のいずれかに該当する業務に労働者を従事させる場合は，当該業務については，適用しない。ただし，令別表第3第2号11の2，18の2，18の3，19の3，19の4，22の2から22の4まで若しくは23の2に掲げる物又は別表第1第11号の2，第18号の2，第18号の3，第19号の3，第19号の4，第22号の2から第22号の4まで，第23号の2若しくは第37号（令別表第3第2号11の2，18の2，18の3，19の3又は22の2から22の4までに掲げる物を含有するものに限る。）に掲げる物を製造し，又は取り扱う業務に係る第44条及び第45条の規定の適用については，この限りでない。

1　次に掲げる業務（以下「特別有機溶剤業務」という。）以外の特別有機溶剤等を製造し，又は取り扱う業務

イ　クロロホルム等有機溶剤業務（特別有機溶剤等（令別表第3第2号11の2，18の2から18の4まで，19の3，22の2から22の5まで又は33の2に掲げる物及びこれらを含有する製剤その他の物（以下「クロロホルム等」という。）に限る。）を製造

し，又は取り扱う業務のうち，屋内作業場等（屋内作業場及び有機溶剤中毒予防規則（昭和47年労働省令第36号。以下「有機則」という。）第1条第2項各号に掲げる場所をいう。以下この号及び第39条第6項第2号において同じ。）において行う次に掲げる業務をいう。）

(1)　クロロホルム等を製造する工程におけるクロロホルム等のろ過，混合，攪拌，加熱又は容器若しくは設備への注入の業務

(2)　染料，医薬品，農薬，化学繊維，合成樹脂，有機顔料，油脂，香料，甘味料，火薬，写真薬品，ゴム若しくは可塑剤又はこれらのものの中間体を製造する工程におけるクロロホルム等のろ過，混合，攪拌又は加熱の業務

(3)　クロロホルム等を用いて行う印刷の業務

(4)　クロロホルム等を用いて行う文字の書込み又は描画の業務

(5)　クロロホルム等を用いて行うつや出し，防水その他物の面の加工の業務

(6)　接着のためにするクロロホルム等の塗布の業務

(7)　接着のためにクロロホルム等を塗布された物の接着の業務

(8)　クロロホルム等を用いて行う洗浄（(12)に掲げる業務に該当する洗浄の業務を除く。）又は払拭の業務

(9)　クロロホルム等を用いて行う塗装の業務（(12)に掲げる業務に該当する塗装の業務を除く。）

(10)　クロロホルム等が付着している物の乾燥の業務

(11)　クロロホルム等を用いて行う試験又は研究の業務

(12)　クロロホルム等を入れたことのあるタンク（令別表第3第2号11の2，18の2から18の4まで，19の3，22の2から22の5まで又は33の2に掲げる物の蒸気の発散するおそれがないものを除く。）の内部における業務

ロ　エチルベンゼン塗装業務（特別有機溶剤等（令別表第3第2号3の3に掲げる物及びこれを含有する製剤その他の物に限る。）を製造し，又は取り扱う業務のうち，屋内作業場等において行う塗装の業務をいう。以下同じ。）

ハ　1,2-ジクロロプロパン洗浄・払拭業務（特別有機溶剤等（令別表第3第2号19の2に掲げる物及びこれを含有する製剤その他の物に限る。）を製造し，又は取り扱う業務のうち，屋内作業場等において行う洗浄又は払拭の業務をいう。以下同じ。）

（以下　略）

第2条の3　この省令（第22条，第22条の2，第38条の8（有機則第7章の規定を準用する場合に限る。），第38条の13第3項から第5項まで，第38条の14，第38条の2第2項から第4項まで及び第7項，第6章並びに第7章の規定を除く。）は，事業場が次の各号（令第22条第1項第3号の業務に労働者が常時従事していない事業場については，第4号を除く。）に該当すると当該事業場の所在地を管轄する都道府県労働局長（以下この条において「所轄都道府県労働局長」という。）が認定したときは，第36条の2第1項に掲げる物（令別表第3第1号3，6又は7に掲げる物を除く。）を製造し，又は取り扱う作業又は業務（前条の規定により，この省令が適用されない業務を除く。）については，適用しない。

1　事業場における化学物質の管理について必要な知識及び技能を有する者として厚生労働大臣が定めるもの（第5号において「化学物質管理専門家」という。）であつて，当該事業場に専属の者が配置され，当該者が当該事業場における次に掲げる事項を管理していること。

イ　特定化学物質に係る労働安全衛生規則（昭和47年労働省令第32号）第34条の2の7第1項に規定するリスクアセスメントの実施に関すること。

ロ　イのリスクアセスメントの結果に基づく措置その他当該事業場における特定化学物質による労働者の健康障害を予防するため必要な措置の内容及びその実施に関すること。

2　過去3年間に当該事業場において特定化学物質による労働者が死亡する労働災害又は休業の日数が4日以上の労働災害が発生していないこと。

3　過去3年間に当該事業場の作業場所について行われた第36条の2第1項の規定による評価の結果が全て第1管理区分に区分されたこと。

4　過去3年間に当該事業場の労働者について行われた第39条第1項の健康診断の結果，新たに特定化学物質による異常所見があると認められる労働者が発見されなかつたこと。

5　過去3年間に1回以上，労働安全衛生規則第34条の2の8第1項第3号及び第4号に掲げる事項について，化学物質管理専門家（当該事業場に属さない者に限る。）による評価を受け，当該評価の結果，当該事業場において特定化学物質による労働者の健康障害を予防するため必要な措置が適切に講じられていると認められること。

6　過去3年間に事業者が当該事業場について労働安全衛生法（以下「法」という。）及びこれに基づく命令に違反していないこと。

②　前項の認定（以下この条において単に「認定」という。）を受けようとする事業場の事業者は，特定化学物質障害予防規則適用除外認定申請書（様式第1号）により，当該認定に係る事業場が同項第1号及び第3号から第5号までに該当することを確認できる書面を添えて，所轄都道府県労働局長に提出しなければならない。

③　所轄都道府県労働局長は，前項の申請書の提出を受けた場合において，認定をし，又はしないことを決定したときは，遅滞なく，文書で，その旨を当該申請書を提出した事業者に通知しなければならない。

④　認定は，3年ごとにその更新を受けなければ，その期間の経過によつて，その効力を失う。

⑤　第1項から第3項までの規定は，前項の認定の更新について準用する。

⑥　認定を受けた事業者は，当該認定に係る事業場が第1項第1号から第5号までに掲げる事項のいずれかに該当しなくなつたときは，遅滞なく，文書で，その旨を所轄都道府県労働局長に報告しなければならない。

⑦　所轄都道府県労働局長は，認定を受けた事業者が次のいずれかに該当するに至つたときは，その認定を取り消すことができる。

1　認定に係る事業場が第1項各号に掲げる事項のいずれかに適合しなくなつたと認めるとき。

2　不正の手段により認定又はその更新を受けたとき。

3　特定化学物質に係る法第22条及び第57条の3第2項の措置が適切に講じられていな

いと認めるとき。

⑧　前三項の場合における第1項第3号の規定の適用については，同号中「過去3年間に当該事業場の作業場所について行われた第36条の2第1項の規定による評価の結果が全て第1管理区分に区分された」とあるのは，「過去3年間の当該事業場の作業場所に係る作業環境が第36条の2第1項の第1管理区分に相当する水準にある」とする。

（ぼろ等の処理）

第12条の2　事業者は，特定化学物質（クロロホルム等及びクロロホルム等以外のものであつて別表第1第37号に掲げる物を除く。次項，第22条第1項，第22条の2第1項，第25条第2項及び第3項並びに第43条において同じ。）により汚染されたぼろ，紙くず等については，労働者が当該特定化学物質により汚染されることを防止するため，蓋又は栓をした不浸透性の容器に納めておく等の措置を講じなければならない。

②　事業者は，特定化学物質を製造し，又は取り扱う業務の一部を請負人に請け負わせるときは，当該請負人に対し，特定化学物質により汚染されたぼろ，紙くず等については，前項の措置を講ずる必要がある旨を周知させなければならない。

（設備の改造等の作業）

第22条　事業者は，特定化学物質を製造し，取り扱い，若しくは貯蔵する設備又は特定化学物質を発生させる物を入れたタンク等で，当該特定化学物質が滞留するおそれのあるものの改造，修理，清掃等で，これらの設備を分解する作業又はこれらの設備の内部に立ち入る作業（酸素欠乏症等防止規則（昭和47年労働省令第42号。以下「酸欠則」という。）第2条第8号の第2種酸素欠乏危険作業及び酸欠則第25条の2の作業に該当するものを除く。）を行うときは，次の措置を講じなければならない。

1　作業の方法及び順序を決定し，あらかじめ，これを作業に従事する労働者に周知させること。

2　特定化学物質による労働者の健康障害の予防について必要な知識を有する者のうちから指揮者を選任し，その者に当該作業を指揮させること。

3　作業を行う設備から特定化学物質を確実に排出し，かつ，当該設備に接続しているすべての配管から作業箇所に特定化学物質が流入しないようバルブ，コック等を二重に閉止し，又はバルブ，コック等を閉止するとともに閉止板等を施すこと。

4　前号により閉止したバルブ，コック等又は施した閉止板等には，施錠をし，これらを開放してはならない旨を見やすい箇所に表示し，又は監視人を置くこと。

5　作業を行う設備の開口部で，特定化学物質が当該設備に流入するおそれのないものをすべて開放すること。

6　換気装置により，作業を行う設備の内部を十分に換気すること。

7　測定その他の方法により，作業を行う設備の内部について，特定化学物質により労働者が健康障害を受けるおそれのないことを確認すること。

8　第3号により施した閉止板等を取り外す場合において，特定化学物質が流出するおそれのあるときは，あらかじめ，当該閉止板等とそれに最も近接したバルブ，コック等との間の特定化学物質の有無を確認し，必要な措置を講ずること。

9　非常の場合に，直ちに，作業を行う設備の内部の労働者を退避させるための器具その

他の設備を備えること。

　10　作業に従事する労働者に不浸透性の保護衣，保護手袋，保護長靴，呼吸用保護具等必要な保護具を使用させること。

②　事業者は，前項の作業の一部を請負人に請け負わせるときは，当該請負人に対し，同項第3号から第6号までの措置を講ずること等について配慮しなければならない。

③　事業者は，前項の請負人に対し，第1項第7号及び第8号の措置を講ずる必要がある旨並びに同項第10号の保護具を使用する必要がある旨を周知させなければならない。

④　事業者は，第1項第7号の確認が行われていない設備については，当該設備の内部に頭部を入れてはならない旨を，あらかじめ，作業に従事する労働者に周知させなければならない。

⑤　労働者は，事業者から第1項第10号の保護具の使用を命じられたときは，これを使用しなければならない。

第22条の2　事業者は，特定化学物質を製造し，取り扱い，若しくは貯蔵する設備等の設備（前条第1項の設備及びタンク等を除く。以下この条において同じ。）の改造，修理，清掃等で，当該設備を分解する作業又は当該設備の内部に立ち入る作業（酸欠則第2条第8号 の第2種酸素欠乏危険作業及び酸欠則第25条の2 の作業に該当するものを除く。）を行う場合において，当該設備の溶断，研磨等により特定化学物質を発生させるおそれのあるときは，次の措置を講じなければならない。

　1　作業の方法及び順序を決定し，あらかじめ，これを作業に従事する労働者に周知させること。

　2　特定化学物質による労働者の健康障害の予防について必要な知識を有する者のうちから指揮者を選任し，その者に当該作業を指揮させること。

　3　作業を行う設備の開口部で，特定化学物質が当該設備に流入するおそれのないものをすべて開放すること。

　4　換気装置により，作業を行う設備の内部を十分に換気すること。

　5　非常の場合に，直ちに，作業を行う設備の内部の労働者を退避させるための器具その他の設備を備えること。

　6　作業に従事する労働者に不浸透性の保護衣，保護手袋，保護長靴，呼吸用保護具等必要な保護具を使用させること。

②　事業者は，前項の作業の一部を請負人に請け負わせる場合において，同項の設備の溶断，研磨等により特定化学物質を発生させるおそれのあるときは，当該請負人に対し，同項第3号及び第4号の措置を講ずること等について配慮するとともに，当該請負人に対し，同項第6号の保護具を使用する必要がある旨を周知させなければならない。

③　労働者は，事業者から第1項第6号の保護具の使用を命じられたときは，これを使用しなければならない。

（立入禁止措置）

第24条　事業者は，次の作業場に関係者以外の者が立ち入ることについて，禁止する旨を見やすい箇所に表示することその他の方法により禁止するとともに，表示以外の方法により禁止したときは，当該作業場が立入禁止である旨を見やすい箇所に表示しなければなら

ない。

1　第1類物質又は第2類物質（クロロホルム等及びクロロホルム等以外のものであつて
　　別表第1第37号に掲げる物を除く。第37条から第38条の2までにおいて同じ。）を製
　　造し，又は取り扱う作業場（臭化メチル等を用いて燻蒸作業を行う作業場を除く。）

2　特定化学設備を設置する作業場又は特定化学設備を設置する作業場以外の作業場で第
　　3類物質等を合計100リットル以上取り扱うもの

（容器等）

第25条　事業者は，特定化学物質を運搬し，又は貯蔵するときは，当該物質が漏れ，こぼ
れる等のおそれがないように，堅固な容器を使用し，又は確実な包装をしなければならない。

②　事業者は，前項の容器又は包装の見やすい箇所に当該物質の名称及び取扱い上の注意事
項を表示しなければならない。

③　事業者は，特定化学物質の保管については，一定の場所を定めておかなければならない。

④　事業者は，特定化学物質の運搬，貯蔵等のために使用した容器又は包装については，当
該物質が発散しないような措置を講じ，保管するときは，一定の場所を定めて集積してお
かなければならない。

⑤　事業者は，特別有機溶剤等を屋内に貯蔵するときは，その貯蔵場所に，次の設備を設け
なければならない。

1　当該屋内で作業に従事する者のうち貯蔵に関係する者以外の者がその貯蔵場所に立ち
　　入ることを防ぐ設備

2　特別有機溶剤又は令別表第6の2に掲げる有機溶剤（第36条の5及び別表第1第37
　　号において単に「有機溶剤」という。）の蒸気を屋外に排出する設備

（特定化学物質作業主任者の選任）

第27条　事業者は，令第6条第18号の作業については，特定化学物質及び四アルキル鉛
等作業主任者技能講習（次項に規定する金属アーク溶接等作業主任者限定技能講習を除く。
第51条第1項及び第3項において同じ。）（特別有機溶剤業務に係る作業にあつては，有
機溶剤作業主任者技能講習）を修了した者のうちから，特定化学物質作業主任者を選任し
なければならない。

（第2項　略）

③　令第6条第18号 の厚生労働省令で定めるものは，次に掲げる業務とする。

1　第2条の2各号に掲げる業務

2　第38条の8において準用する有機則第2条第1項及び第3条第1項の場合における
　　これらの項の業務（別表第1第37号に掲げる物に係るものに限る。）

（特定化学物質作業主任者の職務）

第28条　事業者は，特定化学物質作業主任者に次の事項を行わせなければならない。

1　作業に従事する労働者が特定化学物質により汚染され，又はこれらを吸入しないよう
　　に，作業の方法を決定し，労働者を指揮すること。

2　局所排気装置，プッシュプル型換気装置，除じん装置，排ガス処理装置，排液処理装
　　置その他労働者が健康障害を受けることを予防するための装置を1月を超えない期間ご
　　とに点検すること。

3　保護具の使用状況を監視すること。

4　タンクの内部において特別有機溶剤業務に労働者が従事するときは，第38条の8において準用する有機則第26条各号（第2号，第4号及び第7号を除く。）に定める措置が講じられていることを確認すること。

（測定及びその記録）

第36条　事業者は，令第21条第7号の作業場（石綿等（石綿障害予防規則（平成17年厚生労働省令第21号。以下「石綿則」という。）第2条第1項に規定する石綿等をいう。以下同じ。）に係るもの及び別表第1第37号に掲げる物を製造し，又は取り扱うものを除く。）について，6月以内ごとに1回，定期に，第1類物質（令別表第3第1号8に掲げる物を除く。）又は第2類物質（別表第1に掲げる物を除く。）の空気中における濃度を測定しなければならない。

②　事業者は，前項の規定による測定を行つたときは，その都度次の事項を記録し，これを3年間保存しなければならない。

1　測定日時

2　測定方法

3　測定箇所

4　測定条件

5　測定結果

6　測定を実施した者の氏名

7　測定結果に基づいて当該物質による労働者の健康障害の予防措置を講じたときは，当該措置の概要

③　事業者は，前項の測定の記録のうち，令別表第3第1号1，2若しくは4から7までに掲げる物又は同表第2号3の2から6まで，8，8の2，11の2，12，13の2から15の2まで，18の2から19の5まで，22の2から22の5まで，23の2から24まで，26，27の2，29，30，31の2，32，33の2若しくは34の3に掲げる物に係る測定の記録並びに同号11若しくは21に掲げる物又は別表第1第11号若しくは第21号に掲げる物（以下「クロム酸等」という。）を製造する作業場及びクロム酸等を鉱石から製造する事業場においてクロム酸等を取り扱う作業場について行つた令別表第3第2号11又は21に掲げる物に係る測定の記録については，30年間保存するものとする。

④　令第21条第7号の厚生労働省令で定めるものは，次に掲げる業務とする。

1　第2条の2各号に掲げる業務

2　第38条の8において準用する有機則第3条第1項の場合における同項の業務（別表第1第37号に掲げる物に係るものに限る。）

3　第38条の13第3項第2号イ及びロに掲げる作業（同条第4項各号に規定する措置を講じた場合に行うものに限る。）

（測定結果の評価）

第36条の2　事業者は，令別表第3第1号3，6若しくは7に掲げる物又は同表第2号1から3まで，3の3から7まで，8の2から11の2まで，13から25まで，27から31の2まで若しくは33から36までに掲げる物に係る屋内作業場について，前条第1項又は法

第65条第5項の規定による測定を行つたときは，その都度，速やかに，厚生労働大臣の定める作業環境評価基準に従つて，作業環境の管理の状態に応じ，第1管理区分，第2管理区分又は第3管理区分に区分することにより当該測定の結果の評価を行わなければならない。

② 事業者は，前項の規定による評価を行つたときは，その都度次の事項を記録して，これを3年間保存しなければならない。

1　評価日時

2　評価箇所

3　評価結果

4　評価を実施した者の氏名

③ 事業者は，前項の評価の記録のうち，令別表第3第1号6若しくは7に掲げる物又は同表第2号3の3から6まで，8の2，11の2，13の2から15の2まで，18の2から19の5まで，22の2から22の5まで，23の2から24まで，27の2，29，30，31の2，33の2若しくは34の3に掲げる物に係る評価の記録並びにクロム酸等を製造する作業場及びクロム酸等を鉱石から製造する事業場においてクロム酸等を取り扱う作業場について行つた令別表第3第2号11又は21に掲げる物に係る評価の記録については，30年間保存するものとする。

（評価の結果に基づく措置）

第36条の3　事業者は，前条第1項の規定による評価の結果，第3管理区分に区分された場所については，直ちに，施設，設備，作業工程又は作業方法の点検を行い，その結果に基づき，施設又は設備の設置又は整備，作業工程又は作業方法の改善その他作業環境を改善するため必要な措置を講じ，当該場所の管理区分が第1管理区分又は第2管理区分となるようにしなければならない。

② 事業者は，前項の規定による措置を講じたときは，その効果を確認するため，同項の場所について当該特定化学物質の濃度を測定し，及びその結果の評価を行わなければならない。

③ 事業者は，第1項の場所については，労働者に有効な呼吸用保護具を使用させるほか，健康診断の実施その他労働者の健康の保持を図るため必要な措置を講ずるとともに，前条第2項の規定による評価の記録，第1項の規定に基づき講ずる措置及び前項の規定に基づく評価の結果を次に掲げるいずれかの方法によつて労働者に周知させなければならない。

1　常時各作業場の見やすい場所に掲示し，又は備え付けること。

2　書面を労働者に交付すること。

3　事業者の使用に係る電子計算機に備えられたファイル又は電磁的記録媒体（電磁的記録（電子的方式，磁気的方式その他人の知覚によつては認識することができない方式で作られる記録であつて，電子計算機による情報処理の用に供されるものをいう。）に係る記録媒体をいう。以下同じ。）をもつて調製するファイルに記録し，かつ，各作業場に労働者が当該記録の内容を常時確認できる機器を設置すること。

④ 事業者は，第1項の場所において作業に従事する者（労働者を除く。）に対し，有効な呼吸用保護具を使用する必要がある旨を周知させなければならない。

第36条の3の2　事業者は，前条第2項の規定による評価の結果，第3管理区分に区分された場所（同条第1項に規定する措置を講じていないこと又は当該措置を講じた後同条第2項の評価を行つていないことにより，第1管理区分又は第2管理区分となつていないものを含み，第5項各号の措置を講じているものを除く。）については，遅滞なく，次に掲げる事項について，事業場における作業環境の管理について必要な能力を有すると認められる者（当該事業場に属さない者に限る。以下この条において「作業環境管理専門家」という。）の意見を聴かなければならない。

1　当該場所について，施設又は設備の設置又は整備，作業工程又は作業方法の改善その他作業環境を改善するために必要な措置を講ずることにより第1管理区分又は第2管理区分とすることの可否

2　当該場所について，前号において第1管理区分又は第2管理区分とすることが可能な場合における作業環境を改善するために必要な措置の内容

②　事業者は，前項の第3管理区分に区分された場所について，同項第1号の規定により作業環境管理専門家が第1管理区分又は第2管理区分とすることが可能と判断した場合は，直ちに，当該場所について，同項第2号の事項を踏まえ，第1管理区分又は第2管理区分とするために必要な措置を講じなければならない。

③　事業者は，前項の規定による措置を講じたときは，その効果を確認するため，同項の場所について当該特定化学物質の濃度を測定し，及びその結果を評価しなければならない。

④　事業者は，第1項の第3管理区分に区分された場所について，前項の規定による評価の結果，第3管理区分に区分された場合又は第1項第1号の規定により作業環境管理専門家が当該場所を第1管理区分若しくは第2管理区分とすることが困難と判断した場合は，直ちに，次に掲げる措置を講じなければならない。

1　当該場所について，厚生労働大臣の定めるところにより，労働者の身体に装着する試料採取器等を用いて行う測定その他の方法による測定（以下この条において「個人サンプリング測定等」という。）により，特定化学物質の濃度を測定し，厚生労働大臣の定めるところにより，その結果に応じて，労働者に有効な呼吸用保護具を使用させること（当該場所において作業の一部を請負人に請け負わせる場合にあつては，労働者に有効な呼吸用保護具を使用させ，かつ，当該請負人に対し，有効な呼吸用保護具を使用する必要がある旨を周知させること。）。ただし，前項の規定による測定（当該測定を実施していない場合（第1項第1号の規定により作業環境管理専門家が当該場所を第1管理区分又は第2管理区分とすることが困難と判断した場合に限る。）は，前条第2項の規定による測定）を個人サンプリング測定等により実施した場合は，当該測定をもつて，この号における個人サンプリング測定等とすることができる。

2　前号の呼吸用保護具（面体を有するものに限る。）について，当該呼吸用保護具が適切に装着されていることを厚生労働大臣の定める方法により確認し，その結果を記録し，これを3年間保存すること。

3　保護具に関する知識及び経験を有すると認められる者のうちから保護具着用管理責任者を選任し，次の事項を行わせること。

イ　前二号及び次項第1号から第3号までに掲げる措置に関する事項（呼吸用保護具に

　　　関する事項に限る。）を管理すること。

　　ロ　特定化学物質作業主任者の職務（呼吸用保護具に関する事項に限る。）について必
　　　要な指導を行うこと。

　　ハ　第1号及び次項第2号の呼吸用保護具を常時有効かつ清潔に保持すること。

　4　第1項の規定による作業環境管理専門家の意見の概要，第2項の規定に基づき講ずる
　　措置及び前項の規定に基づく評価の結果を，前条第3項各号に掲げるいずれかの方法に
　　よつて労働者に周知させること。

⑤　事業者は，前項の措置を講ずべき場所について，第1管理区分又は第2管理区分と評価
　されるまでの間，次に掲げる措置を講じなければならない。この場合においては，第36
　条第1項の規定による測定を行うことを要しない。

　1　6月以内ごとに1回，定期に，個人サンプリング測定等により特定化学物質の濃度を
　　測定し，前項第1号に定めるところにより，その結果に応じて，労働者に有効な呼吸用
　　保護具を使用させること。

　2　前号の呼吸用保護具（面体を有するものに限る。）を使用させるときは，1年以内ご
　　とに1回，定期に，当該呼吸用保護具が適切に装着されていることを前項第2号に定め
　　る方法により確認し，その結果を記録し，これを3年間保存すること。

　3　当該場所において作業の一部を請負人に請け負わせる場合にあつては，当該請負人に
　　対し，第1号の呼吸用保護具を使用する必要がある旨を周知させること。

⑥　事業者は，第4項第1号の規定による測定（同号ただし書の測定を含む。）又は前項第
　1号の規定による測定を行つたときは，その都度，次の事項を記録し，これを3年間保存
　しなければならない。

　1　測定日時

　2　測定方法

　3　測定箇所

　4　測定条件

　5　測定結果

　6　測定を実施した者の氏名

　7　測定結果に応じた有効な呼吸用保護具を使用させたときは，当該呼吸用保護具の概
　　要

⑦　第36条第3項の規定は，前項の測定の記録について準用する。

⑧　事業者は，第4項の措置を講ずべき場所に係る前条第2項の規定による評価及び第3項
　の規定による評価を行つたときは，次の事項を記録し，これを3年間保存しなければなら
　ない。

　1　評価日時

　2　評価箇所

　3　評価結果

　4　評価を実施した者の氏名

⑨　第36条の2第3項の規定は，前項の評価の記録について準用する。

第36条の3の3　事業者は，前条第4項各号に掲げる措置を講じたときは，遅滞なく，第

3管理区分措置状況届（様式第1号の4）を所轄労働基準監督署長に提出しなければならない。

第36条の4 事業者は，第36条の2第1項の規定による評価の結果，第2管理区分に区分された場所については，施設，設備，作業工程又は作業方法の点検を行い，その結果に基づき，施設又は設備の設置又は整備，作業工程又は作業方法の改善その他作業環境を改善するため必要な措置を講ずるよう努めなければならない。

② 前項に定めるもののほか，事業者は，同項の場所については，第36条の2第2項の規定による評価の記録及び前項の規定に基づき講ずる措置を次に掲げるいずれかの方法によつて労働者に周知させなければならない。

1 常時各作業場の見やすい場所に掲示し，又は備え付けること。

2 書面を労働者に交付すること。

3 事業者の使用に係る電子計算機に備えられたファイル又は電磁的記録媒体をもつて調製するファイルに記録し，かつ，各作業場に労働者が当該記録の内容を常時確認できる機器を設置すること。

（特定有機溶剤混合物に係る測定等）

第36条の5 特別有機溶剤又は有機溶剤を含有する製剤その他の物（特別有機溶剤又は有機溶剤の含有量（これらの物を2以上含む場合にあつては，それらの含有量の合計）が重量の5パーセント以下のもの及び有機則第1条第1項第2号に規定する有機溶剤含有物（特別有機溶剤を含有するものを除く。）を除く。第41条の2において「特定有機溶剤混合物」という。）を製造し，又は取り扱う作業場（第38条の8において準用する有機則第3条第1項の場合における同項の業務を行う作業場を除く。）については，有機則第28条（第1項を除く。）から第28条の4までの規定を準用する。この場合において，第28条第2項中「当該有機溶剤の濃度」とあるのは「特定有機溶剤混合物（特定化学物質障害予防規則（昭和47年労働省令第39号）第36条の5に規定する特定有機溶剤混合物をいう。以下同じ。）に含有される同令第2条第3号の2に規定する特別有機溶剤（以下「特別有機溶剤」という。）又は令別表第6の2第1号から第47号までに掲げる有機溶剤の濃度（特定有機溶剤混合物が令別表第6の2第1号から第47号までに掲げる有機溶剤を含有する場合にあつては，特別有機溶剤及び当該有機溶剤の濃度。以下同じ。）」と，同条第3項第7号，有機則第28条の3第2項並びに第28条の3の2第3項，第4項第1号及び第5項第1号中「有機溶剤」とあるのは「特定有機溶剤混合物に含有される特別有機溶剤又は令別表第6の2第1号から第47号までに掲げる有機溶剤」と，同条第4項第3号ロ中「有機溶剤作業主任者」とあるのは「特定化学物質作業主任者」と読み替えるものとする。

（休憩室）

第37条 事業者は，第1類物質又は第2類物質を常時，製造し，又は取り扱う作業に労働者を従事させるときは，当該作業を行なう作業場以外の場所に休憩室を設けなければならない。

② 事業者は，前項の休憩室については，同項の物質が粉状である場合は，次の措置を講じなければならない。

1 入口には，水を流し，又は十分湿らせたマットを置く等労働者の足部に付着した物を除去するための設備を設けること。

2　入口には，衣服用ブラシを備えること。

3　床は，真空掃除機を使用して，又は水洗によつて容易に掃除できる構造のものとし，毎日1回以上掃除すること。

③　第1項の作業に従事した者は，同項の休憩室に入る前に，作業衣等に付着した物を除去しなければならない。

（洗浄設備）

第38条　事業者は，第1類物質又は第2類物質を製造し，又は取り扱う作業に労働者を従事させるときは，洗眼，洗身又はうがいの設備，更衣設備及び洗濯のための設備を設けなければならない。

②　事業者は，労働者の身体が第1類物質又は第2類物質により汚染されたときは，速やかに，労働者に身体を洗浄させ，汚染を除去させなければならない。

③　事業者は，第1項の作業の一部を請負人に請け負わせるときは，当該請負人に対し，身体が第1類物質又は第2類物質により汚染されたときは，速やかに身体を洗浄し，汚染を除去する必要がある旨を周知させなければならない。

④　労働者は，前項の身体の洗浄を命じられたときは，その身体を洗浄しなければならない。

（喫煙等の禁止）

第38条の2　事業者は，第1類物質又は第2類物質を製造し，又は取り扱う作業場における作業に従事する者の喫煙又は飲食について，禁止する旨を当該作業場の見やすい箇所に表示することその他の方法により禁止するとともに，表示以外の方法により禁止したときは，当該作業場において喫煙又は飲食が禁止されている旨を当該作業場の見やすい箇所に表示しなければならない。

②　前項の作業場において作業に従事する者は，当該作業場で喫煙し，又は飲食してはならない。

（掲示）

第38条の3　事業者は，特定化学物質を製造し，又は取り扱う作業場には，次の事項を，見やすい箇所に掲示しなければならない。

1　特定化学物質の名称

2　特定化学物質により生ずるおそれのある疾病の種類及びその症状

3　特定化学物質の取扱い上の注意事項

4　次条に規定する作業場（次号に掲げる場所を除く。）にあつては，使用すべき保護具

5　次に掲げる場所にあつては，有効な保護具を使用しなければならない旨及び使用すべき保護具

　イ　第6条の2第1項の許可に係る作業場（同項の濃度の測定を行うときに限る。）

　ロ　第6条の3第1項の許可に係る作業場であつて，第36条第1項の測定の結果の評価が第36条の2第1項の第1管理区分でなかつた作業場及び第1管理区分を維持できないおそれがある作業場

　ハ　第22条第1項第10号の規定により，労働者に必要な保護具を使用させる作業場

　ニ　第22条の2第1項第6号の規定により，労働者に必要な保護具を使用させる作業場

　　ホ　金属アーク溶接等作業を行う作業場

　　ヘ　第 36 条の 3 第 1 項の場所

　　ト　第 36 条の 3 の 2 第 4 項及び第 5 項の規定による措置を講ずべき場所

　　チ　第 38 条の 7 第 1 項第 2 号の規定により，労働者に有効な呼吸用保護具を使用させる作業場

　　リ　第 38 条の 13 第 3 項第 2 号に該当する場合において，同条第 4 項の措置を講ずる作業場

　　ヌ　第 38 条の 20 第 2 項各号に掲げる作業を行う作業場

　　ル　第 44 条第 3 項の規定により，労働者に保護眼鏡並びに不浸透性の保護衣，保護手袋及び保護長靴を使用させる作業場

（作業の記録）

第 38 条の 4　事業者は，第 1 類物質（塩素化ビフェニル等を除く。）又は令別表第 3 第 2 号 3 の 2 から 6 まで，8，8 の 2，11 から 12 まで，13 の 2 から 15 の 2 まで，18 の 2 から 19 の 5 まで，21，22 の 2 から 22 の 5 まで，23 の 2 から 24 まで，26，27 の 2，29，30，31 の 2，32，33 の 2 若しくは 34 の 3 に掲げる物若しくは別表第 1 第 3 号の 2 から第 6 号まで，第 8 号，第 8 号の 2，第 11 号から第 12 号まで，第 13 号の 2 から第 15 号の 2 まで，第 18 号の 2 から第 19 号の 5 まで，第 21 号，第 22 号の 2 から第 22 号の 5 まで，第 23 号の 2 から第 24 号まで，第 26 号，第 27 号の 2，第 29 号，第 30 号，第 31 号の 2，第 32 号，第 33 号の 2 若しくは第 34 号の 3 に掲げる物（以下「特別管理物質」と総称する。）を製造し，又は取り扱う作業場（クロム酸等を取り扱う作業場にあつては，クロム酸等を鉱石から製造する事業場においてクロム酸等を取り扱う作業場に限る。）において常時作業に従事する労働者について，1 月を超えない期間ごとに次の事項を記録し，これを 30 年間保存するものとする。

1　労働者の氏名

2　従事した作業の概要及び当該作業に従事した期間

3　特別管理物質により著しく汚染される事態が生じたときは，その概要及び事業者が講じた応急の措置の概要

（特別有機溶剤等に係る措置）

第 38 条の 8　事業者が特別有機溶剤業務に労働者を従事させる場合には，有機則第 1 章から第 3 章まで，第 4 章（第 19 条及び第 19 条の 2 を除く。）及び第 7 章の規定を準用する。この場合において，次の表の上欄〔編注：左欄〕に掲げる有機則の規定中同表の中欄に掲げる字句は，それぞれ同表の下欄〔編注：右欄〕に掲げる字句と読み替えるものとする。

| 第 1 条
第 1 項
第 1 号 | 労働安全衛生法施行令（以下「令」という。） | 労働安全衛生法施行令（以下「令」という。）別表第 3 第 2 号 3 の 3，11 の 2，18 の 2 から 18 の 4 まで，19 の 2，19 の 3，22 の 2 から 22 の 5 まで若しくは 33 の 2 に掲げる物（以下「特別有機溶剤」という。）又は令 |

第1条第1項第2号	5パーセントを超えて含有するもの	5パーセントを超えて含有するもの（特別有機溶剤を含有する混合物にあつては，有機溶剤の含有量が重量の5パーセント以下の物で，特別有機溶剤のいずれか一つを重量の1パーセントを超えて含有するものを含む。）
第1条第1項第3号イ	令別表第6の2	令別表第3第2号11の2，18の2，18の4，22の3若しくは22の5に掲げる物又は令別表第6の2
	又は	若しくは
第1条第1項第3号ハ	5パーセントを超えて含有するもの	5パーセントを超えて含有するもの（令別表第3第2号11の2，18の2，18の4，22の3又は22の5に掲げる物を含有する混合物にあつては，イに掲げる物の含有量が重量の5パーセント以下の物で，同号11の2，18の2，18の4，22の3又は22の5に掲げる物のいずれか一つを重量の1パーセントを超えて含有するものを含む。）
第1条第1項第4号イ	令別表第6の2	令別表第3第2号3の3，18の3，19の2，19の3，22の2，22の4若しくは33の2に掲げる物又は令別表第6の2
	又は	若しくは
第1条第1項第4号ハ	5パーセントを超えて含有するもの	5パーセントを超えて含有するもの（令別表第3第2号3の3，18の3，19の2，19の3，22の2，22の4又は33の2に掲げる物を含有する混合物にあつては，イに掲げる物又は前号イに掲げる物の含有量が重量の5パーセント以下の物で，同表第2号3の3，18の3，19の2，19の3，22の2，22の4又は33の2に掲げる物のいずれか一つを重量の1パーセントを超えて含有するものを含む。）
第4条の2第1項	第28条第1項の業務（第2条第1項の規定により，第2章，第3章，第4章中第19条，第19条の2及び第24条から第26条まで，第7章並びに第9章の規定が適用されない業務を除く。）	特定化学物質障害予防規則（昭和47年労働省令第39号）第2条の2第1号に掲げる業務
第33条第1項	有機ガス用防毒マスク又は有機ガス用の防毒機能を有する電動ファン付き呼吸用保護具	有機ガス用防毒マスク又は有機ガス用の防毒機能を有する電動ファン付き呼吸用保護具（タンク等の内部において第4号に掲げる業務を行う場合にあつては，全面形のものに限る。次項において同じ。）

（健康診断の実施）

第39条　事業者は，令第22条第1項第3号の業務（石綿等の取扱い若しくは試験研究のための製造又は石綿分析用試料等（石綿則第2条第4項に規定する石綿分析用試料等をいう。）の製造に伴い石綿の粉じんを発散する場所における業務及び別表第1第37号に掲げる物を製造し，又は取り扱う業務を除く。）に常時従事する労働者に対し，別表第3の上欄〈編注：左欄〉に掲げる業務の区分に応じ，雇入れ又は当該業務への配置替えの際及びその後同表の中欄に掲げる期間以内ごとに1回，定期に，同表の下欄〈編注：右欄〉に掲

げる項目について医師による健康診断を行わなければならない。

② 事業者は，令第22条第2項の業務（石綿等の製造又は取扱いに伴い石綿の粉じんを発散する場所における業務を除く。）に常時従事させたことのある労働者で，現に使用しているものに対し，別表第3の上欄に掲げる業務のうち労働者が常時従事した同項の業務の区分に応じ，同表の中欄に掲げる期間以内ごとに1回，定期に，同表の下欄に掲げる項目について医師による健康診断を行わなければならない。

③ 事業者は，前二項の健康診断（シアン化カリウム（これをその重量の5パーセントを超えて含有する製剤その他の物を含む。），シアン化水素（これをその重量の1パーセントを超えて含有する製剤その他の物を含む。）及びシアン化ナトリウム（これをその重量の5パーセントを超えて含有する製剤その他の物を含む。）を製造し，又は取り扱う業務に従事する労働者に対し行われた第1項の健康診断を除く。）の結果，他覚症状が認められる者，自覚症状を訴える者その他異常の疑いがある者で，医師が必要と認めるものについては，別表第4の上欄に掲げる業務の区分に応じ，それぞれ同表の下欄に掲げる項目について医師による健康診断を行わなければならない。

④ 第1項の業務（令第16条第1項各号に掲げる物（同項第4号に掲げる物及び同項第9号に掲げる物で同項第4号に係るものを除く。）及び特別管理物質に係るものを除く。）が行われる場所について第36条の2第1項の規定による評価が行われ，かつ，次の各号のいずれにも該当するときは，当該業務に係る直近の連続した3回の第1項の健康診断（当該健康診断の結果に基づき，前項の健康診断を実施した場合については，同項の健康診断）の結果，新たに当該業務に係る特定化学物質による異常所見があると認められなかつた労働者については，当該業務に係る第1項の健康診断に係る別表第3の規定の適用については，同表中欄中「6月」とあるのは，「1年」とする。

　1　当該業務を行う場所について，第36条の2第1項の規定による評価の結果，直近の評価を含めて連続して3回，第1管理区分に区分された（第2条の3第1項の規定により，当該場所について第36条の2第1項の規定が適用されない場合は，過去1年6月の間，当該場所の作業環境が同項の第1管理区分に相当する水準にある）こと。

　2　当該業務について，直近の第1項の規定に基づく健康診断の実施後に作業方法を変更（軽微なものを除く。）していないこと。

⑤ 令第22条第2項第24号の厚生労働省令で定める物は，別表第5に掲げる物とする。

⑥ 令第22条第1項第3号の厚生労働省令で定めるものは，次に掲げる業務とする。

　1　第2条の2各号に掲げる業務

　2　第38条の8において準用する有機則第3条第1項の場合における同項の業務（別表第1第37号に掲げる物に係るものに限る。次項第3号において同じ。）

⑦ 令第22条第2項の厚生労働省令で定めるものは，次に掲げる業務とする。

　1　第2条の2各号に掲げる業務

　2　第2条の2第1号イに掲げる業務（ジクロロメタン（これをその重量の1パーセントを超えて含有する製剤その他の物を含む。）を製造し，又は取り扱う業務のうち，屋内作業場等において行う洗浄又は払拭の業務を除く。）

　3　第38条の8において準用する有機則第3条第1項の場合における同項の業務

（健康診断の結果の記録）

第40条　事業者は，前条第1項から第3項までの健康診断（法第66条第5項ただし書の場合において当該労働者が受けた健康診断を含む。次条において「特定化学物質健康診断」という。）の結果に基づき，特定化学物質健康診断個人票（様式第2号）を作成し，これを5年間保存しなければならない。

②　事業者は，特定化学物質健康診断個人票のうち，特別管理物質を製造し，又は取り扱う業務（クロム酸等を取り扱う業務にあつては，クロム酸等を鉱石から製造する事業場においてクロム酸等を取り扱う業務に限る。）に常時従事し，又は従事した労働者に係る特定化学物質健康診断個人票については，これを30年間保存するものとする。

（健康診断の結果についての医師からの意見聴取）

第40条の2　特定化学物質健康診断の結果に基づく法第66条の4の規定による医師からの意見聴取は，次に定めるところにより行わなければならない。

　1　特定化学物質健康診断が行われた日（法第66条第5項ただし書の場合にあつては，当該労働者が健康診断の結果を証明する書面を事業者に提出した日）から3月以内に行うこと。

　2　聴取した医師の意見を特定化学物質健康診断個人票に記載すること。

②　事業者は，医師から，前項の意見聴取を行う上で必要となる労働者の業務に関する情報を求められたときは，速やかに，これを提供しなければならない。

（健康診断の結果の通知）

第40条の3　事業者は，第39条第1項から第3項までの健康診断を受けた労働者に対し，遅滞なく，当該健康診断の結果を通知しなければならない。

（健康診断結果報告）

第41条　事業者は，第39条第1項から第3項までの健康診断（定期のものに限る。）を行つたときは，遅滞なく，特定化学物質健康診断結果報告書（様式第3号）を所轄労働基準監督署長に提出しなければならない。

（特定有機溶剤混合物に係る健康診断）

第41条の2　特定有機溶剤混合物に係る業務（第38条の8において準用する有機則第3条第1項の場合における同項の業務を除く。）については，有機則第29条（第1項，第3項，第4項及び第6項を除く。）から第30条の3まで及び第31条の規定を準用する。

（緊急診断）

第42条　事業者は，特定化学物質（別表第1第37号に掲げる物を除く。以下この項において同じ。）が漏えいした場合において，労働者が当該特定化学物質により汚染され，又は当該特定化学物質を吸入したときは，遅滞なく，当該労働者に医師による診察又は処置を受けさせなければならない。

②　事業者は，特定化学物質を製造し，又は取り扱う業務の一部を請負人に請け負わせる場合において，当該請負人に対し，特定化学物質が漏えいした場合であつて，当該特定化学物質により汚染され，又は当該特定化学物質を吸入したときは，遅滞なく医師による診察又は処置を受ける必要がある旨を周知させなければならない。

③　第1項の規定により診察又は処置を受けさせた場合を除き，事業者は，労働者が特別有

機溶剤等により著しく汚染され，又はこれを多量に吸入したときは，速やかに，当該労働者に医師による診察又は処置を受けさせなければならない。

④　第2項の診察又は処置を受けた場合を除き，事業者は，特別有機溶剤等を製造し，又は取り扱う業務の一部を請負人に請け負わせる場合において，当該請負人に対し，特別有機溶剤等により著しく汚染され，又はこれを多量に吸入したときは，速やかに医師による診察又は処置を受ける必要がある旨を周知させなければならない。

⑤　前二項の規定は，第38条の8において準用する有機則第3条第1項の場合における同項の業務については適用しない。

（呼吸用保護具）

第43条　事業者は，特定化学物質を製造し，又は取り扱う作業場には，当該物質のガス，蒸気又は粉じんを吸入することによる労働者の健康障害を予防するため必要な呼吸用保護具を備えなければならない。

（保護衣等）

第44条　事業者は，特定化学物質で皮膚に障害を与え，若しくは皮膚から吸収されることにより障害をおこすおそれのあるものを製造し，若しくは取り扱う作業又はこれらの周辺で行われる作業に従事する労働者に使用させるため，不浸透性の保護衣，保護手袋及び保護長靴並びに塗布剤を備え付けなければならない。

②　事業者は，前項の作業の一部を請負人に請け負わせるときは，当該請負人に対し，同項の保護衣等を備え付けておくこと等により当該保護衣等を使用することができるようにする必要がある旨を周知させなければならない。

③　事業者は，令別表第3第1号1，3，4，6若しくは7に掲げる物若しくは同号8に掲げる物で同号1，3，4，6若しくは7に係るもの若しくは同表第2号1から3まで，4，8の2，9，11の2，16から18の3まで，19，19の3から20まで，22から22の4まで，23，23の2，25，27，28，30，31（ペンタクロルフエノール（別名PCP）に限る。），33（シクロペンタジエニルトリカルボニルマンガン又は2-メチルシクロペンタジエニルトリカルボニルマンガンに限る。），34若しくは36に掲げる物若しくは別表第1第1号から第3号まで，第4号，第8号の2，第9号，第11号の2，第16号から第18号の3まで，第19号，第19号の3から第20号まで，第22号から第22号の4まで，第23号，第23号の2，第25号，第27号，第28号，第30号，第31号（ペンタクロルフエノール（別名PCP）に係るものに限る。），第33号（シクロペンタジエニルトリカルボニルマンガン又は2-メチルシクロペンタジエニルトリカルボニルマンガンに係るものに限る。），第34号若しくは第36号に掲げる物を製造し，若しくは取り扱う作業又はこれらの周辺で行われる作業であつて，皮膚に障害を与え，又は皮膚から吸収されることにより障害をおこすおそれがあるものに労働者を従事させるときは，当該労働者に保護眼鏡並びに不浸透性の保護衣，保護手袋及び保護長靴を使用させなければならない。

④　事業者は，前項の作業の一部を請負人に請け負わせるときは，当該請負人に対し，同項の保護具を使用する必要がある旨を周知させなければならない。

⑤　労働者は，事業者から第3項の保護具の使用を命じられたときは，これを使用しなければならない。

（保護具の数等）

第45条　事業者は，前二条の保護具については，同時に就業する労働者の人数と同数以上を備え，常時有効かつ清潔に保持しなければならない。

第53条　特別管理物質を製造し，又は取り扱う事業者は，事業を廃止しようとするときは，特別管理物質等関係記録等報告書（様式第11号）に次の記録及び特定化学物質健康診断個人票又はこれらの写しを添えて，所轄労働基準監督署長に提出するものとする。

　1　第36条第3項の測定の記録

　2　第38条の4の作業の記録

　3　第40条第2項の特定化学物質健康診断個人票

別表第1（第2条，第2条の2，第5条，第12条の2，第24条，第25条，第27条，第36条，第38の4，第38条の7，第39条関係）

3の3　エチルベンゼンを含有する製剤その他の物。ただし，エチルベンゼンの含有量が重量の1パーセント以下のものを除く。

11の2　クロロホルムを含有する製剤その他の物。ただし，クロロホルムの含有量が重量の1パーセント以下のものを除く。

18の2　四塩化炭素を含有する製剤その他の物。ただし，四塩化炭素の含有量が重量の1パーセント以下のものを除く。

18の3　1,4-ジオキサンを含有する製剤その他の物。ただし，1,4-ジオキサンの含有量が重量の1パーセント以下のものを除く。

18の4　1,2-ジクロロエタンを含有する製剤その他の物。ただし，1,2-ジクロロエタンの含有量が重量の1パーセント以下のものを除く。

19の2　1,2-ジクロロプロパンを含有する製剤その他の物。ただし，1,2-ジクロロプロパンの含有量が重量の1パーセント以下のものを除く。

19の3　ジクロロメタンを含有する製剤その他の物。ただし，ジクロロメタンの含有量が重量の1パーセント以下のものを除く。

22の2　スチレンを含有する製剤その他の物。ただし，スチレンの含有量が重量の1パーセント以下のものを除く。

22の3　1,1,2,2-テトラクロロエタンを含有する製剤その他の物。ただし，1,1,2,2-テトラクロロエタンの含有量が重量の1パーセント以下のものを除く。

22の4　テトラクロロエチレンを含有する製剤その他の物。ただし，テトラクロロエチレンの含有量が重量の1パーセント以下のものを除く。

22の5　トリクロロエチレンを含有する製剤その他の物。ただし，トリクロロエチレンの含有量が重量の1パーセント以下のものを除く。

33の2　メチルイソブチルケトンを含有する製剤その他の物。ただし，メチルイソブチルケトンの含有量が重量の1パーセント以下のものを除く。

37　エチルベンゼン，クロロホルム，四塩化炭素，1,4-ジオキサン，1,2-ジクロロエタン，1,2-ジクロロプロパン，ジクロロメタン，スチレン，1,1,2,2-テトラクロロエタン，テトラ

クロロエチレン，トリクロロエチレン，メチルイソブチルケトン又は有機溶剤を含有する製剤その他の物。ただし，次に掲げるものを除く。

イ　第3号の3，第11号の2，第18号の2から第18号の4まで，第19号の2，第19号の3，第22号の2から第22号の5まで又は第33号の2に掲げる物

ロ　エチルベンゼン，クロロホルム，四塩化炭素，1,4-ジオキサン，1,2-ジクロロエタン，1,2-ジクロロプロパン，ジクロロメタン，スチレン，1,1,2,2-テトラクロロエタン，テトラクロロエチレン，トリクロロエチレン，メチルイソブチルケトン又は有機溶剤の含有量（これらの物が二以上含まれる場合には，それらの含有量の合計）が重量の5パーセント以下のもの（イに掲げるものを除く。）

ハ　有機則第1条第1項第2号に規定する有機溶剤含有物（イに掲げるものを除く。）

（1～3の2，4～11，12～18，19，19の4～22，23～33，34～36　略）

別表第3（第39条関係）

	業務	期間	項目
(15)	エチルベンゼン（これをその重量の1パーセントを超えて含有する製剤その他の物を含む。）を製造し，又は取り扱う業務	6月	1　業務の経歴の調査（当該業務に常時従事する労働者に対して行う健康診断におけるものに限る。） 2　作業条件の簡易な調査（当該業務に常時従事する労働者に対して行う健康診断におけるものに限る。） 3　エチルベンゼンによる眼の痛み，発赤，せき，咽頭痛，鼻腔刺激症状，頭痛，倦怠感等の他覚症状又は自覚症状の既往歴の有無の検査 4　眼の痛み，発赤，せき，咽頭痛，鼻腔刺激症状，頭痛，倦怠感等の他覚症状又は自覚症状の有無の検査 5　尿中のマンデル酸の量の測定（当該業務に常時従事する労働者に対して行う健康診断におけるものに限る。）
(24)	クロロホルム（これをその重量の1パーセントを超えて含有する製剤その他の物を含む。）を製造し，又は取り扱う業務	6月	1　業務の経歴の調査 2　作業条件の簡易な調査 3　クロロホルムによる頭重，頭痛，めまい，食欲不振，悪心，嘔吐，知覚異常，眼の刺激症状，上気道刺激症状，皮膚又は粘膜の異常等の他覚症状又は自覚症状の既往歴の有無の検査 4　頭重，頭痛，めまい，食欲不振，悪心，嘔吐，知覚異常，眼の刺激症状，上気道刺激症状，皮膚又は粘膜の異常等の他覚症状又は自覚症状の有無の検査 5　血清グルタミックオキサロアセチックトランスアミナーゼ（GOT），血清グルタミックピルビックトランスアミナーゼ（GPT）及び血清ガンマ-グルタミルトランスペプチダーゼ（γ-GTP）の検査
(32)	四塩化炭素（これをその重量の1パーセントを超えて含有する製剤その他の物を含む。）を製造し，又は取り扱う業務	6月	1　業務の経歴の調査 2　作業条件の簡易な調査 3　四塩化炭素による頭重，頭痛，めまい，食欲不振，悪心，嘔吐，眼の刺激症状，皮膚の刺激症状，皮膚又は粘膜の異常等の他覚症状又は自覚症状の既往歴の有無の検査 4　頭重，頭痛，めまい，食欲不振，悪心，嘔吐，眼の刺激症状，皮膚の刺激症状，皮膚又は粘膜の異常等の他覚症状又は自覚症状の有無の検査 5　皮膚炎等の皮膚所見の有無の検査 6　血清グルタミックオキサロアセチックトランスアミナーゼ（GOT），血清グルタミックピルビックトランスアミナーゼ（GPT）及び血清ガンマ-グルタミルトランスペプチダーゼ（γ-GTP）の検査
(33)	1,4-ジオキサン（これをその重量の1パーセントを超えて含有する製剤その他の物を含む。）を製造し，又は取り扱う業務	6月	1　業務の経歴の調査 2　作業条件の簡易な調査 3　1,4-ジオキサンによる頭重，頭痛，めまい，悪心，嘔吐，けいれん，眼の刺激症状，皮膚又は粘膜の異常等の他覚症状又は自覚症状の既往歴の有無の検査 4　頭重，頭痛，めまい，悪心，嘔吐，けいれん，眼の刺激症状，皮膚又は粘膜の異常等の他覚症状又は自覚症状の有無の検査 5　血清グルタミックオキサロアセチックトランスアミナーゼ（GOT），血清グルタミックピルビックトランスアミナーゼ（GPT）及び血清ガンマ-グルタミルトランスペプチダーゼ（γ-GTP）の検査

(34)	1,2-ジクロロエタン（これをその重量の1パーセントを超えて含有する製剤その他の物を含む。）を製造し，又は取り扱う業務	6月	1　業務の経歴の調査 2　作業条件の簡易な調査 3　1,2-ジクロロエタンによる頭重，頭痛，めまい，悪心，嘔吐（おう），傾眠，眼の刺激症状，上気道刺激症状，皮膚又は粘膜の異常等の他覚症状又は自覚症状の既往歴の有無の検査 4　頭重，頭痛，めまい，悪心，嘔吐（おう），傾眠，眼の刺激症状，上気道刺激症状，皮膚又は粘膜の異常等の他覚症状又は自覚症状の有無の検査 5　皮膚炎等の皮膚所見の有無の検査 6　血清グルタミックオキサロアセチックトランスアミナーゼ（GOT），血清グルタミックピルビックトランスアミナーゼ（GPT）及び血清ガンマ-グルタミルトランスペプチダーゼ（γ-GTP）の検査
(36)	1,2-ジクロロプロパン（これをその重量の1パーセントを超えて含有する製剤その他の物を含む。）を製造し，又は取り扱う業務	6月	1　業務の経歴の調査（当該業務に常時従事する労働者に対して行う健康診断におけるものに限る。） 2　作業条件の簡易な調査（当該業務に常時従事する労働者に対して行う健康診断におけるものに限る。） 3　1,2-ジクロロプロパンによる眼の痛み，発赤，せき，咽頭痛，鼻腔（こう）刺激症状，皮膚炎，悪心，嘔吐（おう），黄疸（だん），体重減少，上腹部痛等の他覚症状又は自覚症状の既往歴の有無の検査（眼の痛み，発赤，せき等の急性の疾患に係る症状にあつては，当該業務に常時従事する労働者に対して行う健康診断におけるものに限る。） 4　眼の痛み，発赤，せき，咽頭痛，鼻腔（こう）刺激症状，皮膚炎，悪心，嘔吐（おう），黄疸（だん），体重減少，上腹部痛等の他覚症状又は自覚症状の有無の検査（眼の痛み，発赤，せき等の急性の疾患に係る症状にあつては，当該業務に常時従事する労働者に対して行う健康診断におけるものに限る。） 5　血清総ビリルビン，血清グルタミックオキサロアセチックトランスアミナーゼ（GOT），血清グルタミックピルビックトランスアミナーゼ（GPT），ガンマ-グルタミルトランスペプチダーゼ（γ-GTP）及びアルカリホスフアターゼの検査
(37)	ジクロロメタン（これをその重量の1パーセントを超えて含有する製剤その他の物を含む。）を製造し，又は取り扱う業務	6月	1　業務の経歴の調査（当該業務に常時従事する労働者に対して行う健康診断におけるものに限る。） 2　作業条件の簡易な調査（当該業務に常時従事する労働者に対して行う健康診断におけるものに限る。） 3　ジクロロメタンによる集中力の低下，頭重，頭痛，めまい，易疲労感（けん），倦怠感（だん），悪心，嘔吐（おう），黄疸（だん），体重減少，上腹部痛等の他覚症状又は自覚症状の既往歴の有無の検査（集中力の低下，頭重，頭痛等の急性の疾患に係る症状にあつては，当該業務に常時従事する労働者に対して行う健康診断におけるものに限る。） 4　集中力の低下，頭重，頭痛，めまい，易疲労感（けん），倦怠感，悪心，嘔吐（おう），黄疸（だん），体重減少，上腹部痛等の他覚症状又は自覚症状の有無の検査（集中力の低下，頭重，頭痛等の急性の疾患に係る症状にあつては，当該業務に常時従事する労働者に対して行う健康診断におけるものに限る。） 5　血清総ビリルビン，血清グルタミックオキサロアセチックトランスアミナーゼ（GOT），血清グルタミックピルビックトランスアミナーゼ（GPT），血清ガンマ-グルタミルトランスペプチダーゼ（γ-GTP）及びアルカリホスフアターゼの検査

(42)	スチレン（これをその重量の1パーセントを超えて含有する製剤その他の物を含む。）を製造し，又は取り扱う業務	6月	1　業務の経歴の調査 2　作業条件の簡易な調査 3　スチレンによる頭重，頭痛，めまい，悪心，嘔吐，眼の刺激症状，皮膚又は粘膜の異常，頸部等のリンパ節の腫大の有無等の他覚症状又は自覚症状の既往歴の有無の検査 4　頭重，頭痛，めまい，悪心，嘔吐，眼の刺激症状，皮膚又は粘膜の異常，頸部等のリンパ節の腫大の有無等の他覚症状又は自覚症状の有無の検査 5　尿中のマンデル酸及びフェニルグリオキシル酸の総量の測定 6　白血球数及び白血球分画の検査 7　血清グルタミックオキサロアセチックトランスアミナーゼ（GOT），血清グルタミックピルビックトランスアミナーゼ（GPT）及び血清ガンマ-グルタミルトランスペプチダーゼ（γ-GTP）の検査
(43)	1,1,2,2-テトラクロロエタン（これをその重量の1パーセントを超えて含有する製剤その他の物を含む。）を製造し，又は取り扱う業務	6月	1　業務の経歴の調査 2　作業条件の簡易な調査 3　1,1,2,2-テトラクロロエタンによる頭重，頭痛，めまい，悪心，嘔吐，上気道刺激症状，皮膚又は粘膜の異常等の他覚症状又は自覚症状の既往歴の有無の検査 4　頭重，頭痛，めまい，悪心，嘔吐，上気道刺激症状，皮膚又は粘膜の異常等の他覚症状又は自覚症状の有無の検査 5　皮膚炎等の皮膚所見の有無の検査 6　血清グルタミックオキサロアセチックトランスアミナーゼ（GOT），血清グルタミックピルビックトランスアミナーゼ（GPT）及び血清ガンマ-グルタミルトランスペプチダーゼ（γ-GTP）の検査
(44)	テトラクロロエチレン（これをその重量の1パーセントを超えて含有する製剤その他の物を含む。）を製造し，又は取り扱う業務	6月	1　業務の経歴の調査 2　作業条件の簡易な調査 3　テトラクロロエチレンによる頭重，頭痛，めまい，悪心，嘔吐，傾眠，振顫，知覚異常，眼の刺激症状，上気道刺激症状，皮膚又は粘膜の異常等の他覚症状又は自覚症状の既往歴の有無の検査 4　頭重，頭痛，めまい，悪心，嘔吐，傾眠，振顫，知覚異常，眼の刺激症状，上気道刺激症状，皮膚又は粘膜の異常等の他覚症状又は自覚症状の有無の検査 5　皮膚炎等の皮膚所見の有無の検査 6　尿中のトリクロル酢酸又は総三塩化物の量の測定 7　血清グルタミックオキサロアセチックトランスアミナーゼ（GOT），血清グルタミックピルビックトランスアミナーゼ（GPT）及び血清ガンマ-グルタミルトランスペプチダーゼ（γ-GTP）の検査 8　尿中の潜血検査
(45)	トリクロロエチレン（これをその重量の1パーセントを超えて含有する製剤その他の物を含む。）を製造し，又は取り扱う業務	6月	1　業務の経歴の調査 2　作業条件の簡易な調査 3　トリクロロエチレンによる頭重，頭痛，めまい，悪心，嘔吐，傾眠，振顫，知覚異常，皮膚又は粘膜の異常，頸部等のリンパ節の腫大の有無等の他覚症状又は自覚症状の既往歴の有無の検査 4　頭重，頭痛，めまい，悪心，嘔吐，傾眠，振顫，知覚異常，皮膚又は粘膜の異常，頸部等のリンパ節の腫大の有無等の他覚症状又は自覚症状の有無の検査

			5　皮膚炎等の皮膚所見の有無の検査
			6　尿中のトリクロル酢酸又は総三塩化物の量の測定
			7　血清グルタミックオキサロアセチックトランスアミナーゼ（GOT），血清グルタミックピルビックトランスアミナーゼ（GPT）及び血清ガンマ-グルタミルトランスペプチダーゼ（γ-GTP）の検査
			8　医師が必要と認める場合は，尿中の潜血検査又は腹部の超音波による検査，尿路造影検査等の画像検査
(60)	メチルイソブチルケトン（これをその重量の1パーセントを超えて含有する製剤その他の物を含む。）を製造し，又は取り扱う業務	6月	1　業務の経歴の調査
			2　作業条件の簡易な調査
			3　メチルイソブチルケトンによる頭重，頭痛，めまい，悪心，嘔吐，眼の刺激症状，上気道刺激症状，皮膚又は粘膜の異常等の他覚症状又は自覚症状の既往歴の有無の検査
			4　頭重，頭痛，めまい，悪心，嘔吐，眼の刺激症状，上気道刺激症状，皮膚又は粘膜の異常等の他覚症状又は自覚症状の有無の検査
			5　医師が必要と認める場合は，尿中のメチルイソブチルケトンの量の測定

((1)～(14)，(16)～(23)，(25)～(31)，(35)，(38)～(41)，(46)～(59)，(61)～(67)　略)

第7章
災害事例

この章で学ぶ主な事項
□有機溶剤中毒の再発防止のために，災害
　の事例から，発生原因，防止対策を学ぶ。

事例1　印刷物をラミネート加工する作業で中毒

⑴　災害の概要

　①　業　　　種　その他の印刷・製本業

　②　被害状況　休業1名

　③　発生状況

　作業者は，イソブチルアルコールやメタノールなどを含有する接着剤を塗布したポリプロピレンフィルムを，雑誌の表紙，化粧品の箱などにラミネートする工程において，完成品を受け取るなどの補助作業をしていた。作業開始2時間後，気分が悪くなったが作業を継続した。昼食後再開し，午後4時頃，吐き気や手足の震えが生じたので，すぐに病院で診察を受けたところ，急性有機溶剤中毒と診断され入院した。

⑵　発 生 原 因

　①　ラミネート機の接着剤の受皿上部に設置された局所排気装置が十分に機能していなかったこと。

　②　接着剤塗布後の乾燥工程部の密閉が不十分で，有機溶剤蒸気が拡散したこと。

　③　当該作業についてマニュアルが作成されていなかったこと。

　④　気分が悪くなるなど異常が生じた際の作業中止，点検，保護具の使用などの適切な措置が作業主任者によって行われなかったこと。

⑶　再発防止対策

　①　局所排気装置を囲い式にするなどにより蒸気の拡散を防ぐこと。また，局所排気装置の定期点検を行い，確実に稼働するようにすること。

　②　接着剤の乾燥工程部の密閉化を改善するとともに，排気ダクトを設け，有機溶剤蒸気の拡散を防ぐこと。

　③　作業主任者は，作業者が有機溶剤蒸気にさらされないよう適切な作業の方法を決定し，作業を直接指揮すること。

　⑤　設備や作業者に異常を認めたときには，ただちに，作業を一旦中止し，設備の点検，応急手当などの措置を講じること。

　④　労働者に対し，有機溶剤の危険有害性等の教育を実施すること。

⑷　災害の特徴

　①　局所排気装置が十分に稼働しなかったことを主な原因とする事例である。

　②　作業者等に異常が生じた場合の適切な措置の重要性を示している。

事例2　タンクローリー内の汚れ落し作業で中毒

(1)　災害の概要

　①　業　　種　自動車・同付属品製造業

　②　被害状況　休業1名

　③　発生状況

　タンクローリー等特装自動車製造工場において，タンク内部の溶接資材に貼ってあったガムテープの剥がし跡（汚れ）を除去するよう指示された作業者Aが，防じんマスクを着用し，18L缶に入れたジクロロメタンを布に染み込ませ，汚れを拭き取る作業を開始した。しばらくして，別の作業者がタンクの中をのぞいてみると，Aが倒れていた。駆けつけた監督者により救出され，人工呼吸で意識が回復したが，肺炎症状のため7日間入院した。

(2)　発生原因

　①　タンクは上部のマンホール以外に空気の出入り口がなく，自然換気が行われていなかったこと。また，換気装置を設置しなかったこと。

　②　送気マスクや防毒マスクなどの適切な呼吸用保護具を使用しなかったこと。

　③　有機溶剤作業主任者が作業の有害性の把握や適切な保護具着用の監視を行わなかったこと。

(3)　再発防止対策

　①　タンク内作業では送気マスクを使用するか，ポータブル換気装置などにより，全体換気をしつつ，適切な防毒マスクを使用すること。

　②　作業主任者が作業の有害性を把握し，作業主任者の指揮のもと正しい方法で作業すること。

　④　労働者に対し，有機溶剤の有害性等の教育を実施すること。

　⑤　有害性の低い溶剤を使用すること。

(4)　災害の特徴

　①　タンクの内部等狭あいな場所で有機溶剤中毒が生じやすいことを示した例である。

　②　タンクの内部等通風の悪い場所での作業における，換気装置や送気マスクの使用の重要性を示した例である。

　③　誤った呼吸用保護具を選定しており，作業主任者の役割や，作業者への教育の重要性を示した例である。

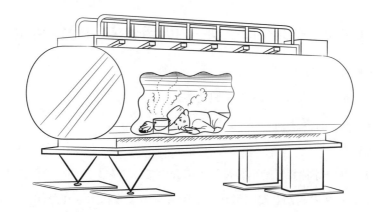

事例3　有機溶剤を使用する研究開発業務に従事し慢性中毒

(1)　災害の概要

①　業　　種　その他の事業

②　被害状況　不休1名

③　発生状況

　被災者は，プリンタードラム製造業務から，研究開発業務の担当に変更となり，局所排気装置がない場所で，主にクロロホルムを使用する業務を継続していた。有機溶剤特殊健康診断の結果で肝機能の異常な数値が認められた。

(2)　発生原因

①　局所排気装置が設置されていない実験台で有機溶剤業務を行ったこと。

②　会話時や息苦しいときなどに，防毒マスクを外すことがあったこと。

③　保護メガネ，保護手袋は着用していたが，保護されていない皮膚に有機溶剤が接触することがあったこと。

④　作業主任者が選任されていたものの，当該作業について有害性を認識せず，適切な作業方法をとらなかったこと。

⑤　当該有害作業について，衛生管理者や産業医が把握していなかったこと。

(3)　再発防止対策

①　有機溶剤の発散源ごとに局所排気装置のフードを設置すること。

②　防毒マスクの着用について教育を実施し，作業主任者が着用状況を監視すること。

③　露出している皮膚部分がないように保護衣を着用する等の措置を講じること。

④　作業従事者に対し，有害性等の教育を実施すること。

(4)　災害の特徴

　研究開発業務で有機溶剤を使用する場合は，比較的少量であることが多く，局所排気装置や保護具の使用などの対策がおざなりになりやすいことを示した例である。

事例4　トリクロロエチレンによる中毒

(1)　災害の概要

　①　業　　　種　金属製品製造業（メッキ業）

　②　被害状況　死亡1名

　③　発生状況

　メッキ工場におけるメッキの前作業としてメッキをする部品表面の脱脂のために，部品をトリクロロエチレン（特別有機溶剤）で洗浄する工程において，午前10時半頃から単独で洗浄作業を行っていたが，洗浄槽内に設けられた逆流凝縮機および局所排気装置を稼働させず，さらに作業場内を閉めきった状態であったために，作業開始後約2時間後に有機溶剤中毒により死亡した。

　洗浄槽は，加熱槽，常温槽，蒸気槽の3つの槽からなり，それぞれトリクロロエチレン180L（蒸気槽は36L）を入れ，加熱槽から順次送っていくもので，全工程3分で終了する。大量のトリクロロエチレンを使用するため，洗浄槽の内壁には逆流凝縮機（冷却用配管）が設けられており，上部には局所排気装置が設置されていたが，災害発生時は，この両者とも稼働させずに洗浄作業を行っていた。作業状況を再現したところ，洗浄槽上部では420ppmのトリクロロエチレンが検出された（労働安全衛生法令上の管理濃度は10ppm）。

(2)　発生原因

　①　通風が悪く，気温も高い屋内作業場において，逆流凝縮機，局所排気装置を

稼働させずに作業を行ったために，高濃度の有機溶剤蒸気が室内に充満したこと。

②　作業主任者の選任がされていなかったこと。

③　有機溶剤業務に係る労働衛生教育が十分でなかったこと。

(3)　**再発防止対策**

①　逆流凝縮機，局所排気装置の稼働を徹底すること。

②　作業主任者を選任し，その者に作業方法の決定，指導等を行わせること。

③　有機溶剤業務に関する労働衛生教育を徹底すること。

(4)　**災害の特徴**

①　有機溶剤による死亡事故等の重大な災害がよく起きる洗浄装置に関する災害である。

②　局所排気装置等の設備がついていても，これを稼働させないと災害につながることを示すものである。

③　局所排気装置等を使用しないと実際にきわめて高濃度の有機溶剤が充満することを数値的に証明する事例である。

事例 5　足場作業床の上で塗装作業中，中毒にかかり墜落

(1)　**災害の概要**

①　業　　種　　建築工事業

②　被害状況　　休業2名（2カ月，8日），不休1名

③　発生状況

ごみ焼却炉建設工事において，ごみピットの排水貯溜槽内で足場を組み，この上でローラーを用いて塗装作業をしていたところ，塗料（トルエン 60〜70%，イソプ

ロピルアルコール 5 〜 10％含有）に含まれていた有機溶剤の蒸気を吸入して有機溶剤中毒にかかり 2 名が足場作業床から墜落，救出に入った 1 名も軽い有機溶剤中毒にかかった。墜落した者のうち，1 名は腰椎骨折等で 2 カ月休業する重傷，他の 1 名は打撲等で 8 日間の休業となった。

(2) 発 生 原 因

①　送気マスクの使用，全体換気装置と防毒マスクの使用等，有機溶剤を吸入しないための措置を講じていなかったこと。

②　予定では，メチルセロソルブ（第 2 種有機溶剤）5〜10％含有の塗料を使用する予定であったところ，被災者の 1 人である現場責任者が誤って有機溶剤含有率が高い塗料を使用したこと。

(3) 再発防止対策

①　塗装作業において使用すべき塗料を十分確認すること。

②　有機溶剤を含有する塗料の塗装作業においては，局所排気装置の設置，送気マスクの使用，全体換気装置と防毒マスクの使用のうちのいずれかの措置を行い，有機溶剤の蒸気の吸入を極力なくすこと。

③　墜落のおそれがある場合は墜落制止用器具を使用すること。

④　有機溶剤作業主任者を選任し，作業を指揮させること。

(4) 災害の特徴

①　建設業において頻繁に災害が発生する塗装の作業中の災害である。

②　建設業などの場合は，急性中毒のみならず，これに起因する墜落などさらに重大な結果を招くことがありうることを示している。

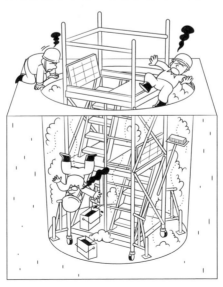

事例6　ズボンの汚れをトルエンで洗い落としていて中毒

⑴　**災害の概要**

　　①　業　　種　ゴム系接着剤製造業

　　②　被害状況　休業1名（3日）

　　③　発生状況

　ゴム系接着剤を製造する工場において，接着剤が付着して汚れた作業ズボンを，トルエンで洗えば洗い落とせると考え，トルエン2Lをバケツ状容器に入れて，これに少量の洗剤と水を加えた混合液を作り，流し台にかがみこむ姿勢でこすり洗いをしていたところ，意識がもうろうとなった。

⑵　**発 生 原 因**

　換気設備のない屋内作業場において，保護具を着用することなく，トルエンを使用して作業ズボンの汚れ落とし作業を行ったこと。

⑶　**再発防止対策**

　　①　ズボンの汚れ落としのような作業にトルエンを使用しないこと。

　　②　使用せざるをえない場合は，適切な管理の下（排気設備，使用方法，保護具等）で行うこと。

⑷　**災害の特徴**

　有機溶剤を使って，汚れ落としをするということは日常よくあるが，このようなちょっとした使用でも場合によっては災害につながることを示している。

参 考 資 料

ここで学ぶ主な事項
□有機溶剤業務に係る労働衛生関係法令に
　よる規制

1 有機溶剤中毒予防規則関係告示等

⑴ 有機溶剤等の量に乗ずべき数値を定める告示

（昭和 47 年 9 月 30 日労働省告示第 122 号）

（最終改正　令和 6 年 4 月 10 日厚生労働省告示第 187 号）

　有機溶剤中毒予防規則（昭和 47 年労働省令第 36 号）第 2 条第 2 項第 1 号及び第 2 号並びに第 17 条第 2 項第 2 号及び第 3 号の規定に基づき，昭和 47 年労働省告示第 122 号（有機溶剤等の量に乗ずべき数値を定める等の件）の一部を次のように改正し，令和 6 年 7 月 1 日から適用する。

　有機溶剤中毒予防規則第 2 条第 2 項第 1 号及び第 2 号並びに第 17 条第 2 項第 2 号及び第 3 号に規定する有機溶剤等の量に乗ずべき数値は，有機溶剤にあつては，1.0 とし，有機溶剤含有物にあつては次の表の上欄〔編注・左欄〕に掲げる有機溶剤含有物の区分に応じ，それぞれの同表の下欄〔編注・右欄〕に掲げる数値とする。

区 分		数 値
金属コーテング剤	下塗りコーティング	0.3
	クリヤー	0.5
表 面 加 工 剤	印刷物の表面加工剤	0.5
	その他の表面加工剤	その他の表面加工剤に含有される有機溶剤の量（当該表面加工剤が有機溶剤を 2 以上含有する場合にあつては，それらの合計値）を当該表面加工剤の量で除した値
印 刷 用 イ ン キ	グラビアインキ	0.5
	フレキソインキ	0.5
	スクリーンインキ	0.4
	その他のインキ	その他のインキに含有される有機溶剤の量（当該インキが有機溶剤を 2 以上含有する場合にあつては，それらの合計値）を当該インキの量で除した値
接 着 剤	ゴム系接着剤クリヤー	0.7
	ゴム系接着剤マスチック	0.4
	塩化ビニル樹脂接着剤	0.6
	酢酸ビニル樹脂接着剤クリヤー	0.5
	酢酸ビニル樹脂接着剤マスチック	0.4
	フエノール樹脂接着剤	0.4
	エポキシ樹脂接着剤	0.2
	ポリウレタン接着剤	0.2
	メラミン樹脂溶液（繊維加工用）	0.1
	メラミン樹脂溶液（接着・含浸用）	0.3
	粘着剤	0.5
	ニトロセルローズ接着剤	0.6
	酢酸セルローズ接着剤	0.6

区　　　　　分		数　　値
	その他の接着剤	その他の接着剤に含有される有機溶剤の量（当該接着剤が有機溶剤を2以上含有する場合にあつては，それらの合計値）を当該接着剤の量で除した値
工 業 用 油 剤	ドライクリーニング用油剤	1.0
	金属表面処理用油剤	0.8
	農薬用油剤	0.2
	その他の工業用油剤	その他の工業用油剤に含有される有機溶剤の量（当該工業用油剤が有機溶剤を2以上含有する場合にあつては，それらの合計値）を当該工業用油剤の量で除した値
繊 維 用 油 剤	紡績用油剤	0.3
	編織用油剤	0.2
	その他の繊維用油剤	その他の繊維用油剤に含有される有機溶剤の量（当該繊維用油剤が有機溶剤を2以上含有する場合にあつては，それらの合計値）を当該繊維用油剤の量で除した値
殺 　 菌 　 剤	アセトン含有殺菌剤	0.1
	アルコール含有殺菌剤	0.3
	クレゾール殺菌剤	0.5
	その他の殺菌剤	その他の殺菌剤に含有される有機溶剤の量（当該殺菌剤が有機溶剤を2以上含有する場合にあつては，それらの合計値）を当該殺菌剤の量で除した値
塗 　 　 　 料	油ワニス	0.5
	油エナメル	0.3
	油性下地塗料	0.2
	酒精ニス	0.7
	クリヤーラッカー	0.6
	ラッカーエナメル	0.5
	ウッドシーラー	0.8
	サンジングシーラー	0.7
	ラッカープライマー	0.6
	ラッカーパテ	0.3
	ラッカーサーフエサー	0.5
	合成樹脂調合ペイント	0.2
	合成樹脂さび止めペイント	0.2
	フタル酸樹脂ワニス	0.5
	フタル酸樹脂エナメル	0.4
	アミノアルキド樹脂ワニス	0.5
	アミノアルキド樹脂エナメル	0.4
	フエノール樹脂ワニス	0.5
	フエノール樹脂エナメル	0.4
	アクリル樹脂ワニス	0.6
	アクリル樹脂エナメル	0.5

区　　　　　分		数　　値
	エポキシ樹脂ワニス	0.5
	エポキシ樹脂エナメル	0.4
	タールエポキシ樹脂塗料	0.4
	ビニル樹脂クリヤー	0.5
	ビニル樹脂エナメル	0.5
	ウォッシュプライマー	0.7
	ポリウレタン樹脂ワニス	0.5
	ポリウレタン樹脂エナメル	0.4
	ステイン	0.8
	水溶性樹脂塗料	0.1
	液状ドライヤー	0.8
	リムーバー	0.8
	シンナー類	1.0
	その他の塗料	その他の塗料に含有される有機溶剤の量（当該塗料が有機溶剤を2以上含有する場合にあつては，それらの合計値）を当該塗料の量で除した値
絶縁用ワニス	一般用絶縁ワニス	0.6
	電線用絶縁ワニス	0.7
	その他の絶縁用ワニス	その他の絶縁用ワニスに含有される有機溶剤の量（当該絶縁用ワニスが有機溶剤を2以上含有する場合にあつては，それらの合計値）を当該絶縁用ワニスの量で除した値

⑵　**有機溶剤中毒予防規則第15条の2第2項ただし書の規定に基づき厚生労働大臣が定める濃度を定める告示**

（平成9年3月25日労働省告示第20号）

（最終改正　平成12年12月25日労働省告示第120号）

　有機溶剤中毒予防規則(昭和47年労働省令第36号)第15条の2第2項ただし書の規定に基づき，厚生労働大臣が定める濃度を次のように定める。

　有機溶剤中毒予防規則第15条の2第2項ただし書きの厚生労働大臣が定める濃度は次のとおりとする。

1　排気口から排出される有機溶剤(有機溶剤中毒予防規則第1条第1号に規定する有機溶剤をいう。以下同じ。)の種類が1種類である場合は，当該有機溶剤の種類に応じ，作業環境評価基準（昭和63年労働省告示第79号）別表の下欄に掲げる管理濃度（以下「管理濃度」という。）の2分の1の濃度

2　排気口から排出される有機溶剤の種類が2種類以上である場合は，次の式により計算して得た換算値が2分の1となる濃度

$$C = \sum_{i=1}^{n} \frac{C_i}{E_i}$$

⎧ この式において, C, C_i, E_i 及び n は, それぞれ次の値を表すものとする。

   C 換算値

   C_i 有機溶剤の種類ごとの濃度

   E_i 有機溶剤の種類ごとの管理濃度

⎩ n 有機溶剤の種類の数

⑶ 有機溶剤中毒予防規則第16条の2の規定に基づき厚生労働大臣が定める構造及び性能を定める告示

（平成9年3月25日労働省告示第21号）

（最終改正 平成12年12月25日労働省告示第120号）

有機溶剤中毒予防規則（昭和47年労働省令第36号）第16条の2の規定に基づき，厚生労働大臣が定める構造及び性能を次のように定め，昭和59年労働省告示第6号（有機溶剤中毒予防規則の規定に基づき労働大臣が定める構造及び性能を定める件）は，廃止する。

　有機溶剤中毒予防規則第16条の2の厚生労働大臣が定める構造及び性能は，次のとおりとする。

1　密閉式プッシュプル型換気装置（ブースを有するプッシュプル型換気装置であって，送風機により空気をブース内へ供給し，かつ，ブースについて，フードの開口部を除き，天井，壁及び床が密閉されているもの並びにブース内へ空気を供給する開口部を有し，かつ，ブースについて，当該開口部及び吸込み側フードの開口部を除き，天井，壁及び床が密閉されているものをいう。以下同じ。）の構造は，次に定めるところに適合するものでなければならない。

　イ　排風機によりブース内の空気を吸引し，当該空気をダクトを通して排気口から排出するものであること。

　ロ　ブース内に下向きの気流（以下「下降気流」という。）を発生させること，有機溶剤の蒸気の発散源にできるだけ近い位置に吸込み側フードを設けること等により，有機溶剤の蒸気の発散源から吸込み側フードへ流れる空気を有機溶剤業務に従事する労働者が吸入するおそれがない構造とすること。

　ハ　ダクトは，長さができるだけ短く，ベントの数ができるだけ少ないものであること。

　ニ　空気清浄装置が設けられているものにあっては，排風機が，清浄後の空気が通る位置に設けられていること。ただし，吸引された有機溶剤の蒸気等による爆発のおそれがなく，かつ，ファンの腐食のおそれがないときは，この限りでない。

2　密閉式プッシュプル型換気装置の性能は，捕捉面（吸込み側フードから最も離れた位置の有機溶剤の蒸気の発散源を通り，かつ，気流の方向に垂直な平面（ブース内に発生させる気流が下降気流であって，ブース内に有機溶剤業務に従事する労働者が立ち入る構造の密閉式プッシュプル型換気装置にあっては，ブースの床上1.5メートルの高さの水平な平面）をいう。以下この号において同じ。）における気流が次に定めるところに適合するものでなければならない。

$$\sum_{i=1}^{n} \frac{V_i}{n} \geq 0.2$$

$$\frac{3}{2} \sum_{i=1}^{n} \frac{V_i}{n} \geq V_1 \geq \frac{1}{2} \sum_{i=1}^{n} \frac{V_i}{n}$$

$$\frac{3}{2}\sum_{i=1}^{n}\frac{V_i}{n} \geqq V_2 \geqq \frac{1}{2}\sum_{i=1}^{n}\frac{V_i}{n}$$

$$\cdots\cdots\cdots\cdots\cdots$$

$$\frac{3}{2}\sum_{i=1}^{n}\frac{V_i}{n} \geqq V_n \geqq \frac{1}{2}\sum_{i=1}^{n}\frac{V_i}{n}$$

これらの式において，n，V_1，V_2，…，V_n は，それぞれ次の値を表すものとする。

$\quad n$　捕捉面を16以上の等面積の四辺形（1辺の長さが2メートル以下であるものに限る。）に分けた場合における当該四辺形（当該四辺形の面積が0.25平方メートル以下の場合は，捕捉面を6以上の等面積の四辺形に分けた場合における当該四辺形。以下この号において「四辺形」という。）の総数

$\quad V_1$，V_2，…，V_n　ブース内に作業の対象物が存在しない状態での，各々の四辺形の中心点における捕捉面に垂直な方向の風速（単位：メートル／秒）

3　開放式プッシュプル型換気装置（密閉式プッシュプル型換気装置以外のプッシュプル型換気装置をいう。以下同じ。）の構造は，次に定めるところに適合するものでなければならない。

　イ　送風機により空気を供給し，かつ，排風機により当該空気を吸引し，当該空気をダクトを通して排気口から排出するものであること。

　ロ　有機溶剤の蒸気の発散源が換気区域（吹出し側フードの開口部の任意の点と吸込み側フードの開口部の任意の点を結ぶ線分が通ることのある区域をいう。以下同じ。）の内部に位置すること。

　ハ　換気区域内に下降気流を発生させること，有機溶剤の蒸気の発散源のできるだけ近い位置に吸込み側フードを設けること等により，有機溶剤の蒸気の発散源から吸込み側フードへ流れる空気を有機溶剤業務に従事する労働者が吸入するおそれがない構造とすること。

　ニ　ダクトは，長さができるだけ短く，ベントの数ができるだけ少ないものであること。

　ホ　空気清浄装置が設けられているものにあっては，排風機が，清浄後の空気が通る位置に設けられていること。ただし，吸引された有機溶剤の蒸気等による爆発のおそれがなく，かつ，ファンの腐食のおそれがないときは，この限りでない。

4　開放式プッシュプル型換気装置の性能は，次に定めるところに適合するものでなければならない。

　イ　捕捉面（吸込み側フードから最も離れた位置の有機溶剤の蒸気の発散源を通り，かつ，気流の方向に垂直な平面（換気区域内に発生させる気流が下降気流であって，換気区域内に有機溶剤業務に従事する労働者が立ち入る構造の開放式プッシュプル型換気装置にあっては，換気区域の床上1.5メートルの高さの水平な平面）をいう。以下この号において同じ。）における気流が次に定めるところに適合すること。

$$\sum_{i=1}^{n}\frac{V_i}{n} \geqq 0.2$$

$$\frac{3}{2}\sum_{i=1}^{n}\frac{V_i}{n} \geqq V_1 \geqq \frac{1}{2}\sum_{i=1}^{n}\frac{V_i}{n}$$

$$\frac{3}{2}\sum_{i=1}^{n}\frac{V_i}{n} \geqq V_2 \geqq \frac{1}{2}\sum_{i=1}^{n}\frac{V_i}{n}$$

....

$$\frac{3}{2}\sum_{i=1}^{n}\frac{V_i}{n} \geqq V_n \geqq \frac{1}{2}\sum_{i=1}^{n}\frac{V_i}{n}$$

これらの式において，n，V_1，V_2，…，V_nは，それぞれ次の値を表すものとする。

n　捕捉面を16以上の等面積の四辺形（1辺の長さが2メートル以下であるものに限る。）に分けた場合における当該四辺形（当該四辺形の面積が0.25平方メートル以下の場合は，捕捉面を6以上の等面積の四辺形に分けた場合における当該四辺形。以下この号において「四辺形」という。）の総数

V_1，V_2，…，V_n　換気区域内に作業の対象物が存在しない状態での，各々の四辺形の中心点における捕捉面に垂直な方向の風速（単位：メートル／秒）

ロ　換気区域と換気区域以外の区域との境界におけるすべての気流が，吸込み側フードの開口部に向かうこと。

⑷　有機溶剤中毒予防規則第18条第3項の規定に基づき厚生労働大臣が定める要件を定める告示

（平成9年3月25日労働省告示第22号）

（最終改正　令和4年11月17日労働省告示第335号）

　有機溶剤中毒予防規則（昭和47年労働省令第36号）第18条第3項の規定に基づき，厚生労働大臣が定める要件を次のように定め，平成9年10月1日から適用する。

　有機溶剤中毒予防規則第18条第4項の厚生労働大臣が定める要件は，平成9年労働省告示第21号（有機溶剤中毒予防規則第16条の2の規定に基づき厚生労働大臣が定める構造及び性能を定める件。以下単に「告示」という。）第1号に規定する密閉式プッシュプル型換気装置にあっては，告示第2号の捕捉面における気流が同号に定めるところに適合すること，告示第3号に規定する開放式プッシュプル型換気装置にあっては，告示第4号イの捕捉面における気流が同号イに定めるところに，同号ロの気流が同号ロに定めるところにそれぞれ適合することとする。

⑸　第3管理区分に区分された場所に係る有機溶剤等の濃度の測定の方法等を定める告示（抜粋）

（令和4年11月30日厚生労働省告示第341号）

（最終改正　令和6年4月10日厚生労働省告示第187号）

　有機溶剤中毒予防規則（昭和47年労働省令第36号）第28条の3の2第4項第1号及び第2号，鉛中毒予防規則（昭和47年労働省令第37号）第52条の3の2第4項第1号及び第2号，特定化学物質障害予防規則（昭和47年労働省令第39号）第36条の3の2第4項第1号及び第2号並びに粉じん障害防止規則（昭和54年労働省令第18号）第26条の3の2第4項第1号及び第2号の規定に基づき，第3管理区分に区分された場所に係る有機溶剤等の濃度の測定の方法等を次のように定め，令和6年4月1日から適用する。

第3管理区分に区分された場所に係る有機溶剤等の濃度の測定の方法等

（有機溶剤の濃度の測定の方法等）

第1条　有機溶剤中毒予防規則（昭和47年労働省令第36号。以下「有機則」という。）第28条の3の2第4項（特定化学物質障害予防規則（昭和47年労働省令第39号。以下「特化則」という。）第36条の5において準用する場合を含む。以下同じ。）第1号の規定による測定は，作業環境測定基準（昭和51年労働省告示第46号。以下「測定基準」という。）第13条第5項において読み替えて準用する測定基準第10条第5項各号に定める方法によらなければならない。

②　前項の規定にかかわらず，有機溶剤（特化則第36条の5において準用する有機則第28条の3の2第4項第1号の規定による測定を行う場合にあっては，特化則第2条第1項第3号の2に規定する特別有機溶剤（次項において「特別有機溶剤」という。）を含む。以下同じ。）の濃度の測定は，次に定めるところによることができる。

　1　試料空気の採取は，有機則第28条の3の2第4項柱書に規定する第3管理区分に区分された場所において作業に従事する労働者の身体に装着する試料採取機器を用いる方法により行うこと。この場合において，当該試料採取機器の採取口は，当該労働者の呼吸する空気中の有機溶剤の濃度を測定するために最も適切な部位に装着しなければならない。

　2　前号の規定による試料採取機器の装着は，同号の作業のうち労働者にばく露される有機溶剤の量がほぼ均一であると見込まれる作業ごとに，それぞれ，適切な数（2以上に限る。）の労働者に対して行うこと。ただし，当該作業に従事する一の労働者に対して，必要最小限の間隔をおいた2以上の作業日において試料採取機器を装着する方法により試料空気の採取が行われたときは，この限りでない。

　3　試料空気の採取の時間は，当該採取を行う作業日ごとに，労働者が第1号の作業に従事する全時間とすること。

③　前二項に定めるところによる測定は，測定基準別表第2（特別有機溶剤にあっては，測定基準別表第1）の上欄に掲げる物の種類に応じ，それぞれ同表の中欄に掲げる試料採取方法又はこれと同等以上の性能を有する試料採取方法及び同表の下欄に掲げる分析方法又はこれと同等以上の性能を有する分析方法によらなければならない。

第2条　有機則第28条の3の2第4項第1号に規定する呼吸用保護具（第6項において単に「呼吸用保護具」という。）は，要求防護係数を上回る指定防護係数を有するものでなければならない。

②　前項の要求防護係数は，次の式により計算するものとする。

$$PF_r = \frac{C}{C_0}$$

　この式において，PF_r，C 及び C_0 は，それぞれ次の値を表すものとする。

　　PF_r　要求防護係数

　　C　　有機溶剤の濃度の測定の結果得られた値

　　C_0　作業環境評価基準（昭和63年労働省告示第79号。以下この条及び第8条において「評価基準」という。）別表の上欄に掲げる物の種類に応じ，それぞれ同表の下欄に掲げる管理濃度

③　前項の有機溶剤の濃度の測定の結果得られた値は，次の各号に掲げる場合の区分に応じ，そ

れぞれ当該各号に定める値とする。

1　C測定（測定基準第13条第5項において読み替えて準用する測定基準第10条第5項第1号から第4号までの規定により行う測定をいう。次号において同じ。）を行った場合又はA測定（測定基準第13条第4項において読み替えて準用する測定基準第2条第1項第1号から第2号までの規定により行う測定をいう。次号において同じ。）を行った場合（次号に掲げる場合を除く。）　空気中の有機溶剤の濃度の第1評価値（評価基準第2条第1項（評価基準第4条において読み替えて準用する場合を含む。）の第1評価値をいう。以下同じ。）

2　C測定及びD測定（測定基準第13条第5項において読み替えて準用する測定基準第10条第5項第5号及び第6号の規定により行う測定をいう。以下この号において同じ。）を行った場合又はA測定及びB測定（測定基準第13条第4項において読み替えて準用する測定基準第2条第1項第2号の2の規定により行う測定をいう。以下この号において同じ。）を行った場合　空気中の有機溶剤の濃度の第1評価値又はB測定若しくはD測定の測定値（2以上の測定点においてB測定を行った場合又は2以上の者に対してD測定を行った場合には，それらの測定値のうちの最大の値）のうちいずれか大きい値

3　前条第2項に定めるところにより測定を行った場合　当該測定における有機溶剤の濃度の測定値のうち最大の値

④　有機溶剤を2種類以上含有する混合物に係る単位作業場所（測定基準第2条第1項第1号に規定する単位作業場所をいう。）においては，評価基準第2条第4項の規定により計算して得た換算値を測定値とみなして前項第2号及び第3号の規定を適用する。この場合において，第2項の管理濃度に相当する値は，1とするものとする。

⑤　第1項の指定防護係数は，別表第1から別表第4までの上欄に掲げる呼吸用保護具の種類に応じ，それぞれ同表の下欄に掲げる値とする。ただし，別表第5の上欄に掲げる呼吸用保護具を使用した作業における当該呼吸用保護具の外側及び内側の有機溶剤の濃度の測定又はそれと同等の測定の結果により得られた当該呼吸用保護具に係る防護係数が，同表の下欄に掲げる指定防護係数を上回ることを当該呼吸用保護具の製造者が明らかにする書面が当該呼吸用保護具に添付されている場合は，同表の上欄に掲げる呼吸用保護具の種類に応じ，それぞれ同表の下欄に掲げる値とすることができる。

⑥　呼吸用保護具は，ガス状の有機溶剤を製造し，又は取り扱う作業場においては，当該有機溶剤の種類に応じ，十分な除毒能力を有する吸収缶を備えた防毒マスク又は別表第4に規定する呼吸用保護具でなければならない。

⑦　前項の吸収缶は，使用時間の経過により破過したものであってはならない。

第3条　有機則第28条の3の2第4項第2号の厚生労働大臣の定める方法は，同項第1号の呼吸用保護具（面体を有するものに限る。）を使用する労働者について，日本産業規格T 8150（呼吸用保護具の選択，使用及び保守管理方法）に定める方法又はこれと同等の方法により当該労働者の顔面と当該呼吸用保護具の面体との密着の程度を示す係数（以下この条において「フィットファクタ」という。）を求め，当該フィットファクタが要求フィットファクタを上回っていることを確認する方法とする。

②　フィットファクタは，次の式により計算するものとする。

$$FF = \frac{C_{\text{out}}}{C_{\text{in}}}$$

この式において，FF，C_{out} 及び C_{in} は，それぞれ次の値を表すものとする。

　　FF　フィットファクタ

　　C_{out}　呼吸用保護具の外側の測定対象物の濃度

　　C_{in}　呼吸用保護具の内側の測定対象物の濃度

③　第1項の要求フィットファクタは，呼吸用保護具の種類に応じ，次に掲げる値とする。

　1　全面形面体を有する呼吸用保護具　500

　2　半面形面体を有する呼吸用保護具　100

（第4条以下略）

別表第1（第2条，第5条，第8条及び第11条関係）

防じんマスクの種類			指定防護係数
取替え式	全面形面体	RS3　又は　RL3	50
		RS2　又は　RL2	14
		RS1　又は　RL1	4
	半面形面体	RS3　又は　RL3	10
		RS2　又は　RL2	10
		RS1　又は　RL1	4
使い捨て式		DS3　又は　DL3	10
		DS2　又は　DL2	10
		DS1　又は　DL1	4
備 考　RS1，RS2，RS3，RL1，RL2，RL3，DS1，DS2，DS3，DL1，DL2 及び DL3 は，防じんマスクの規格（昭和 63 年労働省告示第 19 号）第1条第3項の規定による区分であること。			

別表第2（第2条及び第8条関係）

防毒マスクの種類	指定防護係数
全面形面体	50
半面形面体	10

別表第3（第2条，第5条，第8条及び第11条関係）

電動ファン付き呼吸用保護具の種類				指定防護係数
防じん機能を有する電動ファン付き呼吸用保護具	全面形面体	S 級	PS3 又は PL3	1,000
		A 級	PS2 又は PL2	90
		A 級又は B 級	PS1 又は PL1	19
	半面形面体	S 級	PS3 又は PL3	50
		A 級	PS2 又は PL2	33
		A 級又は B 級	PS1 又は PL1	14
	フード又はフェイスシールドを有するもの	S 級	PS3 又は PL3	25
		A 級		20
		S 級又は A 級	PS2 又は PL2	20

		S級，A級又はB級	PS1 又は PL1	11
防毒機能を有する電動ファン付き呼吸用保護具	防じん機能を有しないもの	全面形面体		1,000
		半面形面体		50
		フード又はフェイスシールドを有するもの		25
	防じん機能を有するもの	全面形面体	PS3 又は PL3	1,000
			PS2 又は PL2	90
			PS1 又は PL1	19
		半面形面体	PS3 又は PL3	50
			PS2 又は PL2	33
			PS1 又は PL1	14
		フード又はフェイスシールドを有するもの	PS3 又は PL3	25
			PS2 又は PL2	20
			PS1 又は PL1	11

備考　S級，A級及びB級は，電動ファン付き呼吸用保護具の規格（平成26年厚生労働省告示第455号）第2条第4項の規定による区分（別表第5において同じ。）であること。PS1，PS2，PS3，PL1，PL2及びPL3は，同条第5項の規定による区分（別表第5において同じ。）であること。

別表第4（第2条，第5条，第8条及び第11条関係）

その他の呼吸用保護具の種類			指定防護係数
循環式呼吸器	全面形面体	圧縮酸素形かつ陽圧形	10,000
		圧縮酸素形かつ陰圧形	50
		酸素発生形	50
	半面形面体	圧縮酸素形かつ陽圧形	50
		圧縮酸素形かつ陰圧形	10
		酸素発生形	10
空気呼吸器	全面形面体	プレッシャデマンド形	10,000
		デマンド形	50
	半面形面体	プレッシャデマンド形	50
		デマンド形	10
エアラインマスク	全面形面体	プレッシャデマンド形	1,000
		デマンド形	50
		一定流量形	1,000
	半面形面体	プレッシャデマンド形	50
		デマンド形	10
		一定流量形	50
	フード又はフェイスシールドを有するもの	一定流量形	25
ホースマスク	全面形面体	電動送風機形	1,000
		手動送風機形又は肺力吸引形	50
	半面形面体	電動送風機形	50
		手動送風機形又は肺力吸引形	10
	フード又はフェイスシールドを有するもの	電動送風機形	25

別表第5（第2条，第5条，第8条及び第11条関係）

呼吸用保護具の種類		指定防護係数
防じん機能を有する電動ファン付き呼吸用保護具であって半面形面体を有するもの	S級かつPS3又はPL3	300
防じん機能を有する電動ファン付き呼吸用保護具であってフードを有するもの		1,000
防じん機能を有する電動ファン付き呼吸用保護具であってフェイスシールドを有するもの		300
防毒機能を有する電動ファン付き呼吸用保護具であって防じん機能を有するもののうち，半面形面体を有するもの	PS3又はPL3	300
防毒機能を有する電動ファン付き呼吸用保護具であって防じん機能を有するもののうち，フードを有するもの		1,000
防毒機能を有する電動ファン付き呼吸用保護具であって防じん機能を有するもののうち，フェイスシールドを有するもの		300
防毒機能を有する電動ファン付き呼吸用保護具であって防じん機能を有しないもののうち，半面形面体を有するもの		300
防毒機能を有する電動ファン付き呼吸用保護具であって防じん機能を有しないもののうち，フードを有するもの		1,000
防毒機能を有する電動ファン付き呼吸用保護具であって防じん機能を有しないもののうち，フェイスシールドを有するもの		300
フードを有するエアラインマスク	一定流量形	1,000

⑹ **労働災害の防止のための業務に従事する者に対する能力向上教育に関する指針**

（平成元年5月22日　能力向上教育指針公示第1号）

（最終改正　平成18年3月31日　能力向上教育指針公示第5号）

　労働安全衛生法（昭和47年法律第57号）第19条の2第2項の規定に基づき，労働災害の防止のための業務に従事する者に対する当該業務に関する能力の向上を図るための教育に関する指針を次のとおり公表する。

Ⅰ　趣旨

　この指針は，労働安全衛生法（昭和47年法律第57号）第19条の2第2項の規定に基づき事業者が労働災害の動向，技術革新の進展等社会経済情勢の変化に対応しつつ事業場における安全衛生の水準の向上を図るため，安全管理者，衛生管理者，安全衛生推進者，衛生推進者その他労働災害防止のための業務に従事する者（以下「安全衛生業務従事者」という。）に対して行う，当該業務に関する能力の向上を図るための教育，講習等（以下「能力向上教育」という。）について，その内容，時間，方法及び講師並びに教育の推進体制の整備等その適切かつ有効な実施のために必要な事項を定めたものである。

　事業者は，安全衛生業務従事者に対する能力向上教育の実施に当たっては，事業場の実態を踏まえつつ本指針に基づき実施するよう努めなければならない。

Ⅱ　教育の対象者及び種類

　1　対象者

　　次に掲げる者とする。

　　(1)　安全管理者

　　(2)　衛生管理者

　　(3)　安全衛生推進者

　　(4)　衛生推進者

　　(5)　作業主任者

　　(6)　元方安全衛生管理者

　　(7)　店社安全衛生管理者

　　(8)　その他の安全衛生業務従事者

　2　種類

　　1に掲げる者が初めて当該業務に従事することになった時に実施する能力向上教育（以下「初任時教育」という。）並びに1に掲げる者が当該業務に従事することになった後，一定期間ごとに実施する能力向上教育（以下「定期教育」という。）及び当該事業場において機械設備等に大幅な変更があった時に実施する能力向上教育（以下「随時教育」という。）とする。

Ⅲ　能力向上教育の内容，時間，方法及び講師

　1　内容及び時間

　　(1)　内容

　　　イ　初　任　時　教　育……当該業務に関する全般的事項

　　　ロ　定期教育及び随時教育……労働災害の動向，社会経済情勢，事業場における職場環境の変化等に対応した事項

　　(2)　時間

　　　原則として1日程度とする。

　　　なお，能力向上教育の内容及び時間は，教育の対象者及び種類ごとに示す別表の安全衛生業務従事者に対する能力向上教育カリキュラムによるものとする。

　2　方法

　　講義方式，事例研究方式，討議方式等教育の内容に応じて効果の上がる方法とする。

　3　講師

　　当該業務についての最新の知識並びに教育技法についての知識及び経験を有する者とする。

Ⅳ　推進体制の整備等

　1　能力向上教育の実施者は事業者であるが，事業者自らが行うほか，安全衛生団体等に委託して実施できるものとする。

　　事業者又は事業者の委託を受けた安全衛生団体等はあらかじめ能力向上教育の実施に当たって実施責任者を定めるとともに，実施計画を作成するものとする。

　2　事業者は，実施した能力向上教育の記録を個人別に保存するものとする。

　3　能力向上教育は，原則として就業時間内に実施するものとする。

別表

　安全衛生業務従事者に対する能力向上教育カリキュラム

1～18　（略）

19　有機溶剤作業主任者能力向上教育（定期又は随時）

科　　目	範　　囲	時間
1　作業環境管理	(1)　作業環境管理の進め方 (2)　作業環境測定，評価及びその結果に基づく措置 (3)　局所排気装置等の設置及びその維持管理	2.0
2　作業管理	(1)　作業管理の進め方 (2)　労働衛生保護具	2.0
3　健康管理	(1)　有機溶剤中毒の症状 (2)　健康診断及び事後措置	1.0
4　事例研究及び関係法令	(1)　作業標準等の作成 (2)　災害事例とその防止対策 (3)　有機溶剤業務に係る労働衛生関係法令	2.0
計		7.0

20　（略）

2　有機溶剤の一般的性質と危険性状

有機溶剤	化学式	分子量	比重 (水=1)	沸点 (℃)	蒸気圧 kPa (20℃)
〈第1種〉					
1,2-ジクロルエチレン	CHCl：CHCl	96.9	1.25	60.3	27.3
二硫化炭素	CS$_2$	76.1	1.3	46.3	48.0
〈第2種〉					
アセトン	(CH$_3$)$_2$CO	58	0.79	56.3	24.0
イソブチルアルコール	(CH$_3$)$_2$CHCH$_2$OH	74	0.8	108	1.2
イソプロピルアルコール	(CH$_3$)$_2$CHOH	60	0.79	82.3	4.3
イソペンチルアルコール	(CH$_3$)$_2$CHC$_2$H$_4$OH	88	0.81	132	0.3
エチルエーテル	(C$_2$H$_5$)$_2$O	74	0.71	34.5	56.3
エチレングリコールモノ 　　エチルエーテル	C$_2$H$_5$OCH$_2$CH$_2$OH	90	0.93	135	0.5
エチレングリコールモノ 　　エチルエーテルアセテート	C$_2$H$_5$OCH$_2$CH$_2$OCOCH$_3$	132	0.95	156	0.2
エチレングリコールモノ- 　　ノルマル-ブチルエーテル	C$_4$H$_9$OCH$_2$CH$_2$OH	118	0.9	171	0.1
エチレングリコールモノ 　　メチルエーテル	CH$_3$OCH$_2$CH$_2$OH	76	0.97	124.5	0.8
オルト-ジクロルベンゼン	C$_6$H$_4$Cl$_2$	147	1.3	180.2	0.1
キシレン　（オルト）	C$_6$H$_4$(CH$_3$)$_2$	106	0.88	144.4	0.8
（メタ）			0.87	139.1	0.8
（パラ）			0.86	138.4	0.9
クレゾール　（オルト）	C$_6$H$_4$(CH$_3$)OH	108	1.05	191	0.1
（メタ）			1.03	202.2	0.01
（パラ）			1.03	201.9	0.01
クロルベンゼン	C$_6$H$_5$Cl	112.5	1.1	131.6	1.1
酢酸イソブチル	CH$_3$CO$_2$CH$_2$CH(CH$_3$)$_2$	116	0.87	118	2.0
酢酸イソプロピル	CH$_3$CO$_2$CH(CH$_3$)$_2$	102	0.87	89	6.4
酢酸イソペンチル	CH$_3$CO$_2$C$_2$H$_4$CH(CH$_3$)$_2$	130	0.87	142	0.8
酢酸エチル	CH$_3$CO$_2$C$_2$H$_5$	88	0.9	77	8.7
酢酸ノルマル-ブチル	CH$_3$CO$_2$C$_4$H$_9$	116	0.88	125	1.3
酢酸ノルマル-プロピル	CH$_3$CO$_2$C$_3$H$_7$	102	0.88	101.6	2.5
酢酸ノルマル-ペンチル	CH$_3$CO$_2$(CH$_2$)$_4$CH$_3$	130	0.88	149	0.7
酢酸メチル	CH$_3$CO$_2$CH$_3$	74	0.94	57.8	23.1
シクロヘキサノール	CH$_2$・(CH$_2$)$_4$・CHOH	100	0.96	161	0.1
シクロヘキサノン	CH$_2$・(CH$_2$)$_4$・CO	98	0.95	156	0.5
N,N-ジメチルホルムアミド	HCON(CH$_3$)$_2$	73	0.95	153	0.4
テトラヒドロフラン	CH$_2$CH$_2$ CH$_2$CH$_2$ ＞O	72	0.89	65	18.9
1,1,1-トリクロルエタン	CH$_3$CCl$_3$	133.5	1.33	74.1	13.5
トルエン	C$_6$H$_5$CH$_3$	92	0.87	110.6	2.9
ノルマルヘキサン	C$_6$H$_{14}$	86	0.68	68.6	16.0
1-ブタノール	C$_4$H$_9$OH	74	0.81	117.7	0.7
2-ブタノール	CH$_3$ C$_2$H$_5$ ＞CHOH	74	0.81	99.5	1.6
メタノール	CH$_3$OH	32	0.79	64.7	13
メチルエチルケトン	C$_2$H$_5$COCH$_3$	72.1	0.81	79.6	9.5
メチルシクロヘキサノール	CH$_2$(CH$_2$)$_3$CHCH$_3$CHOH	114	0.91	174	0.04
メチルシクロヘキサノン	CO・CH$_2$CH(CH$_3$)(CH$_2$)$_3$	112.2	0.91	170	0.4

蒸気比重 (空気=1)	水和性	管理濃度 (ppm)	爆発限界 (vol. %) 下限界	上限界	引火点 (℃)	発火点 (℃)	消 火 法
3.35	〃	150	9.7	12.8	4	460	〃
2.6	〃	1	1.3	50	−30	90	水
2.0	有	500	2.1	13	−20	465	水, アルコホーム, CO₂, 粉末
2.99	〃	50	1.7	10.6	28	415	〃
2.1	〃	200	2.0	12.7	12	460	〃
3.0	僅	100	1.2	9.0	43	350	泡, CO₂, 粉末
2.56	〃	400	1.9	36	−45	160	アルコホーム, CO₂, 粉末
3.1	有	5	1.7	15.6	43	235	〃
4.7	〃	5	1.7	1.7	52	380	〃
4.1	〃	25	1.1	12.7	62	238	〃
2.6	〃	0.1	2.3	24.5	39	285	〃
5.07	無	25	2.2	12	66	647.8	泡, CO₂, 粉末
			1.0	6.0	32	463	
} 3.66	〃	50	1.1	7.0	27	527	〃
			1.1	7.0	27	528	
			1.4		81	599	
} 3.8	僅	5	1.1		86	558	泡, CO₂, 粉末
			1.4		86	558	
3.9	無	10	1.3	9.6	29	593	〃
4	〃	150	1.3	10.5	18	421	〃
3.5	僅	100	1.8	8	2	460	〃
4.5	僅	50	1.0	7.5	25.0	360	〃
3.04	〃	200	2.0	11.5	−4.0	426	アルコホーム, CO₂, 粉末
4	〃	150	1.7	7.6	22	425	泡, CO₂, 粉末
3.5	〃	200	1.7	8	13	450	〃
4.5	〃	50	1.1	7.5	16	360	〃
2.6	中	200	3.1	16	−10	454	アルコホーム, CO₂, 粉末
3.5	僅	25	1.2		68	300	水, 泡, CO₂, 粉末
3.4	小	20	1.1	9.4	44	420	CO₂, 粉末
2.5	有	10	2.2	15.2	58	445	〃
2.5	有	50	2	11.8	−14	321.1	水, アルコホーム, CO₂, 粉末
4.6	僅	200	−	−	−	−	−
3.1	無	20	1.2	7.1	4	480	泡, CO₂, 粉末
3.0	〃	40	1.1	7.5	−22	223	〃
2.6	有	25	1.4	12	29	343	水, アルコホーム, CO₂, 粉末
2.55	有	100	1.7	9.8	24	405	アルコホーム, CO₂, 粉末
1.1	〃	200	6.0	36	11	385	水
2.5	有	200	1.7	11.4	−9	404	水, アルコホーム, CO₂, 粉末
3.93	僅	50	1.0		65	296	泡, CO₂, 粉末
3.86	無	50			48		泡, CO₂, 粉末

有　機　溶　剤	化　　学　　式	分子量	比　　重 (水 = 1)	沸　点 (℃)	蒸気圧 kPa (20℃)
メチル-ノルマル-ブチルケトン 〈第3種〉	$CH_3COC_4H_9$	100	0.82	127.2	1.3
工業ガソリン　　　1号	$C_5 \sim C_9$ の脂肪族	約 85	0.67〜 0.74	50〜 120	27〜40
〃　　　　　　　2号	$C_6 \sim C_8$ 　〃	約 100	0.73〜 0.74	70〜 130	10〜13
〃　　　　　　　3号	主成分ヘキサン	約 86	0.69	68〜 71	約 19
〃　　　　　　　4号	$C_8 \sim C_{10}$ の脂肪族	120〜 140	0.77〜 0.82	130〜 200	約 1
〃　　　　　　　5号	〃	〃	〃	〃	〃
コールタールナフサ (ソルベントナフサ)					
コールタールナフサ1号			0.85〜 0.88	120〜 160	
〃　　　　　　2号	$C_9 \sim C_{10}$ の芳香族	110〜 130	0.85〜 0.92	120〜 180	
〃　　　　　　3号			0.85〜 0.95	140〜 200	
石油エーテル	主成分ヘキサン	約 80	0.63〜 0.67	30〜 70	40〜53
石油ナフサ (軽質)	$C_5 \sim C_8$ の脂肪族	約 100	0.65〜 0.7	30〜 130	
〃　　(重質)	$C_7 \sim C_{10}$ の脂肪族	約 130	0.7〜 0.75	90〜 170	
石油ベンジン (試薬)	$C_6 \sim C_7$ の脂肪族	約 85	0.67〜 0.74	50〜 90	10〜13
テレビン油	主成分 α-ピネン	136	0.86〜 0.87	153〜 175	
ミネラルスピリット					工　業

特別有機溶剤	化　　学　　式	分子量	比　　重 (水 = 1)	沸　　点 (℃)	蒸気圧 kPa (20℃)
エチルベンゼン	$C_6H_5CH_2CH_3$	106.2	0.8	136	0.9
クロロホルム	$CHCl_3$	119.4	1.5	61.2	21.3
四塩化炭素	CCl_4	154	1.6	76.8	11.9
1,4-ジオキサン	$O\langle{}^{CH_2CH_2}_{CH_2CH_2}\rangle O$	88	1.04	101	3.9
1,2-ジクロロエタン	$CH_2Cl \cdot CH_2Cl$	99	1.26	83.5	8.3
1,2-ジクロロプロパン	$C_3H_6Cl_2$	113	1.159	96.4	27.9
ジクロロメタン	CH_2Cl_2	85	1.3	39.8	46.7
スチレン	$C_6H_5CH : CH_2$	104	0.91	146	0.7
1,1,2,2-テトラクロロエタン	$CHCl_2 : CHCl_2$	167.9	1.6	146	0.7
テトラクロロエチレン	$CCl_2 : CCl_2$	166	1.63	121.2	1.9
トリクロロエチレン	$CHCl : CCl_2$	131.4	1.46	86.7	8.0
メチルイソブチルケトン	$(CH_3)_2CHCH_2COCH_3$	100	0.8	115.8	2.1

注 1. この表のうち, 「管理濃度」の数値は, 作業環境評価基準 (昭和 63 年労働省告示第 79 号。最終改正

蒸気比重(空気=1)	水和性	管理濃度(ppm)	爆発限界(vol. %) 下限界	上限界	引火点(℃)	発火点(℃)	消　火　法
3.45	僅	5	1.2	8	25	423	〃
約2.5	無		1.1	5.9	<−28		泡, CO₂, 粉末
約3.5	〃		1.1	5.9	<−28		〃
約2.5	〃		1.1	5.9	<−28		〃
約3.8	〃		0.8	4.9	>30		〃
〃	〃		〃	〃	>38		〃
〃					35~38	480~510	〃
2.5	〃		1.1	5.9	<−40	288	〃
約2.5	〃		1.0		<−28		〃
約3.7	〃				2.5		〃
約2.5	〃				約−40		〃
約4	〃		0.8		35	253	〃

ガ　ソ　リ　ン　4　号　と　同　じ

蒸気比重(空気=1)	水和性	管理濃度(ppm)	爆発限界(vol. %) 下限界	上限界	引火点(℃)	発火点(℃)	消　火　法
3.7	僅	20	1.0	6.7	18	432	泡, CO₂, 粉末
4.1	無	3	−	−	−	−	−
5.3	〃	5	−	−	−	−	−
3.0	有	10	2.0	22.5	12	180	水, アルコホーム, CO₂, 粉末
3.42	無	10	6.2	16	13	440	泡, CO₂, 粉末
3.9	僅	1	3.4	14.5	16	557	泡, CO₂, 粉末
2.9	〃	50	14	22	−	556	泡, CO₂, 粉末, 水
3.6	〃	20	1.1	6.1	32	490	泡, CO₂, 粉末
5.79	無	1	−	−	−	−	−
5.7	〃	25	−	−	−	−	−
4.5	〃	10	9.3	44.8	−	425	泡, CO₂, 粉末, 水
3.5	僅	20	1.2	8.0	18	448	泡, CO₂, 粉末

令和2年厚生労働省告示第192号）別表によるものである。

3　有機溶剤業務の衛生管理

物質名

第1種有機溶剤
1　1,2-ジクロルエチレン
2　二硫化炭素

第2種有機溶剤
1　アセトン
2　イソブチルアルコール
3　イソプロピルアルコール
4　イソペンチルアルコール
5　エチルエーテル
6　エチレングリコールモノエチルエーテル
7　エチレングリコールモノエチルエーテルアセテート
8　エチレングリコールモノ-ノルマル-ブチルエーテル
9　エチレングリコールモノメチルエーテル
10　オルト-ジクロルベンゼン
11　キシレン
12　クレゾール
13　クロルベンゼン
14　酢酸イソブチル
15　酢酸イソプロピル
16　酢酸イソペンチル
17　酢酸エチル
18　酢酸ノルマル-ブチル
19　酢酸ノルマル-プロピル
20　酢酸ノルマル-ペンチル
21　酢酸メチル
22　シクロヘキサノール
23　シクロヘキサノン
24　N・N-ジメチルホルムアミド
25　テトラヒドロフラン
26　1,1,1-トリクロルエタン
27　トルエン
28　ノルマルヘキサン
29　1-ブタノール
30　2-ブタノール
31　メタノール
32　メチルエチルケトン
33　メチルシクロヘキサノール
34　メチルシクロヘキサノン
35　メチル-ノルマル-ブチルケトン

第3種有機溶剤
1　ガソリン
2　コールタールナフサ
3　石油エーテル
4　石油ナフサ
5　石油ベンジン
6　テレビン油
7　ミネラルスピリット

場所 / 作業	第1種有機溶剤 屋内作業場等 (イ)~(ル)	第1種有機溶剤 タンク等の内部 (ヲ)	第2種有機溶剤 屋内作業場等 (イ)(ロ)(ハ)(ニ)(ホ)(ヘ)(ト)(チ)(リ)(ヌ)(ル)	第2種 タンク等の内部 (ヲ)	第3種有機溶剤 屋内作業場等 (イ)~(ル)	第3種 タンク等の内部 (ヲ)

屋内作業場等の作業
(イ)　有機溶剤等を入れる容器もしくは有機溶剤等を入れた容器の設備の洗浄または混合、かくはん等の業務
(ロ)　染料・医薬品・農薬・化学繊維・合成樹脂・接着剤・塗料・香料・甘味料・火薬・写真薬品・ゴム製品もしくは可塑剤または色素、試薬もしくは香料の製造工程における有機溶剤含有物の混合、かくはんまたは加熱の業務
(ハ)　有機溶剤含有物を用いて行う印刷の業務
(ニ)　有機溶剤含有物を用いて行う文字の書込みまたは描画の業務
(ホ)　有機溶剤含有物を用いて行う塗布面の加工の業務
(ヘ)　接着のために有機溶剤等を塗布する業務
(ト)　接着のために有機溶剤等を塗布された物を接着する業務
(チ)　有機溶剤等を用いて行う洗浄（ヲを除く。）または払しょくの業務
(リ)　有機溶剤含有物を用いて行う塗装の業務（ヲを除く。）
(ヌ)　有機溶剤等が付着している物の乾燥の業務
(ル)　有機溶剤等を用いて行う試験または研究の業務
(ヲ)　有機溶剤等を入れたことのあるタンクの内部における業務のうち吹付けの業務があるもの

衛生管理内容	第1種、第2種に係る設備（第5条）
密閉する設備	○ ○ ○
局所排気装置	○ ○ ○
プッシュプル型換気装置	○ ○ ○

区分	項目	
環境管理	設備	第3種に係る設備（第6条第1項）：密閉する設備／局所排気装置／プッシュプル型換気装置／全体換気装置
		第3種又は吹付け塗装等に係る設備（第6条第2項）：密閉する設備／局所排気装置／プッシュプル型換気装置
		設備の適用除外または特例（第7条～第13条）
	換気装置の性能等	局所排気装置のフードおよびダクト
		排風機等
		局所排出装置の性能
		全体換気装置の性能
		換気装置の稼働
		妨害気流の排除等
	測定	測定の実施および記録
管理	管理	作業主任者の選任等
		自主検査・記録・点検・補修
	掲示	掲示
		有機溶剤の区分の表示
作業	作業	タンク内作業
		事故の場合の退避等
管理	貯蔵と空容器	関係者以外の立ち入ることを防ぐ設備
		蒸気を屋外に排出する装置
		空容器の処理
	保護具	送気マスクの使用
		送気マスク、有機ガス用防毒マスクまたは有機ガス用の防毒機能を有する電動ファン付き呼吸用保護具の使用
健康管理	健康診断	定期の健康診断
		健康診断に関する記録
教育	衛生教育	衛生教育

（注）
1. 表中 ○－○ はいずれかによること、設備欄の◎は設備の適用除外ができる特例を示す。「事故の場合の退避等」の欄はタンク等の内部における業務に限る。適用業務の○の欄は、送気マスクの備付けに伴う同条の特例がある場合を示す。また「第9条第2項」は、送気マスクまたは有機ガス用の防毒マスク付き電動ファン付き呼吸用保護具の使用。局所排気装置と全体換気装置との併用または密閉設備を開いて〈気装置または全体換気装置と保護具を併用することによって密閉する設備、局所排気装置またはプッシュプル型換気装置と保護具を併用することに限る。局所排気装置またはプッシュプル型換気設備。

2. 保護具の「送気マスクの使用」の欄の○は、適用業務に（ヲ）を含むこと。

3. 保護具の「送気マスク、有機ガス用防毒マスクまたは有機ガス用の防毒機能を有する電動ファン付き呼吸用保護具の使用」の欄の◎は全体換気装置の使用。

4. 場合に適用される。有機ガス用防毒マスク、有機ガス用防毒機能を有する電動ファン付き呼吸用保護具の使用については、第6章表6－1、表6－2を参照のこと。

※特別有機溶剤については、第6章表6－1、表6－2を参照のこと。

4 有機溶剤の有害性と予防措置一覧

(1) 第1種有機溶剤

(1)	1,2-ジクロルエチレン	
ア	主な用途	溶剤（油脂，樹脂，ゴム，セルローズ誘導体など），医薬
イ	有害性	皮膚・粘膜を刺激する。麻酔作用がある。肝臓・腎臓を侵す。
ウ	災害事例	・IC基板製造のフォトエッチングラインにおいて，水酸化カリウム30%水溶液交換のため，ドラム缶に回収したところ，缶内にあったトリクロルエチレンと反応してジクロルエチレン蒸気が発生して，作業者らが目に刺激を受けた。
エ	予防措置	貯　蔵……火気厳禁。換気良好な冷暗所に貯蔵する。 作業環境管理……第1種有機溶剤等の設備を設ける。作業環境測定を6ヶ月以内ごとに1回実施する。 作業管理……換気に留意する。必要に応じ保護具を使用する。 健康管理……年2回の健康診断を実施する。共通健診項目のほか肝機能の検査および医師が必要と認める項目が必要である。
(2)	二硫化炭素（皮）[注]	
ア	主な用途	ビスコース人絹，セロファン，化学合成剤，可塑剤，界面活性剤，殺虫剤，溶剤
イ	有害性	皮膚・粘膜を刺激する。皮膚から吸収される。吸収されると，強い麻ひ作用があり，特に神経系を侵し，発狂することがある。肝臓・腎臓を侵す。 **急性中毒**：軽症では上機嫌，活発に興奮するが，二硫化炭素環境から離れると多少の頭痛を残す程度で速やかに回復する。さらに症状の強い場合は，酩酊状態となり，頭痛，悪心，嘔吐，失調歩行，めまいなどを伴って多弁，啼泣，時に昏迷に落ち込む。覚醒後いわゆる二日酔症状を呈する。数週〜数ヶ月，時に不治の不全麻ひ，四肢麻ひ，てんかんなど後遺症を続発することがある。重症例では興奮性の初発症状に続いて意識喪失，昏睡状態に陥り，死亡することがある。 **亜急性中毒**：二硫化炭素の濃度が100〜300 ppmで，数日〜数週間を経て発生し，頭痛，眠気，不眠の三主徴を呈する。その他自律神経障害と並んで，性的衰弱が目立ち，また消化器症状も多く，食欲不振，激しい腹痛などがある。これらは二硫化炭素環境離脱後は比較的短期的に治ゆする。 **慢性中毒**：比較的低濃度二硫化炭素に少なくとも数ヶ月以上〜数年ばく露されて初めて現れる。その症状は神経衰弱様症状である。すなわち頭痛，頭重，難眠，めまい，食欲不振，全身倦怠，性欲減退，記憶力減退，思考困難，沈うつ傾向，ならびに腱反射亢進などが現れる。その他神経幹に沿った疼痛，圧痛，知覚異常，筋の脱力感，不全麻ひ，諸反射の異常（腱，筋肉等），最もよく侵されるのは下肢の神経である。なお，下肢の冷感，シビレ感などの訴えがある。
ウ	災害事例	・セロファン製膜工程の抽出作業者に従事していた作業者1名が二硫化炭素中毒にかかり意識障害，人格荒廃，言語障害，歩行不能となり，遂に死亡した。 ・二硫化炭素の入っていた槽に入って内壁の鉛板の張り替え作業中，中毒となり失神，精神さく乱により1名死亡，1名中毒。 ・紡糸作業に従事していた作業者が二硫化炭素の蒸気のばく露を受け，慢性中毒となった。症状は右半身不随，知覚障害。
エ	予防措置	貯　蔵……発火しやすいので火気厳禁。電気設備は防爆構造にするのが望ましい。容器は密栓し，冷所に保管する。 作業環境管理……第1種有機溶剤等の設備を設ける。作業環境測定を6ヶ月以内ごとに1回実施する。 作業管理……換気に留意する。タンク・蒸留機の掃除・修理作業は，あらかじめ洗浄・ガスパージ・ガス検知等について作業手順を定めておく。なお二硫化炭素は流動する際に帯電するので，装置等は接地しておく。必要に応じて保護具を使用する。特に経皮吸収を防止するため不浸透性の化学防護手袋を使用する。 　なお，日本化学繊維協会関係工場では衛生学的配慮の上に立って標準動作が確立し，それ以前に発生していた健康障害があとを絶ったという。 健康管理……年2回の健康診断を実施する。共通健診項目，眼底検査（二硫化炭素は微小動脈瘤を生じるため）および医師が必要と認める項目が必要である。

（注）：（皮）は経皮的に吸収され，全身的影響を起こしうる物質。

(2)　第2種有機溶剤

(1)	アセトン	
ア	主な用途	樹脂の製造，塗料・フィルム・火薬製造，有機溶剤，アセチレンをボンベに充てんする場合の溶剤，医薬品の原料
イ	有害性	皮膚・粘膜を刺激する。吸入すると，頭痛，めまい，嘔吐等を起こす。吸収されると，麻酔作用があり，意識を喪失する。
ウ	災害事例	・真空ポンプをアセトンで洗浄していたところ，アセトン蒸気を吸入し，頭痛，めまいを起こし，1名が中毒した。 ・合板表面の樹脂加工作業中，発散した樹脂溶剤のアセトンが空調不調により室内に蓄積し，2名が頭痛，めまいなどの中毒症状を起こした。 ・ビルのエレベーターの落書きをクリーナー（アセトンを含む）を用いて払拭する作業を行ったところ，作業者1名が作業日の翌々日より頭痛・嘔吐の症状が顕著となり，検査を受け中毒と診断された。
エ	予防措置	**貯　蔵**……火気厳禁。電気設備は防爆構造にするのが望ましい。容器は密栓し，冷所に保管する。 **作業環境管理**……第2種有機溶剤等の設備を設ける。作業環境測定を6ヶ月以内ごとに1回実施する。 **作業管理**……換気に留意し，必要に応じて保護具を使用する。 **健康管理**……年2回の健康診断を実施する。共通健診項目および医師が必要と認める項目が必要である。
(2)	イソブチルアルコール	
ア	主な用途	果実エッセンスの製造，香料，溶剤
イ	有害性	皮膚・眼・のどを刺激し，吸入すると麻酔作用がある。
ウ	災害事例	・被災者Aは新設した消火栓用の貯水槽の防水工事に従事中，下塗剤（キシレン，イソブチルアルコール含有）を内壁に塗る作業中，意識を失った。その2時間後，Aを救助しようとしたBも中毒により意識を失った。
エ	予防措置	**貯　蔵**……火気厳禁。容器は密栓し保管する。酸化剤と一緒に置かない（反応して水素を発生）。 **作業環境管理**……第2種有機溶剤の設備を設ける。作業環境測定を6ヶ月以内ごとに1回実施する。 **作業管理**……換気に留意し，必要に応じて保護具を着用する。 **健康管理**……年2回の健康診断を実施する。共通健診項目および医師が必要と認める項目が必要である。
(3)	イソプロピルアルコール	
ア	主な用途	合成アセトンの中間原料，溶剤，抽出剤，無機薬品の脱出剤，化粧品の配合剤，ラジエーター冷却水の不凍液
イ	有害性	皮膚・粘膜を刺激する。吸入すると麻酔作用がある。肝臓・腎臓を侵す。
ウ	災害事例	・医薬品製造工場で，ビタミン剤を乾燥装置に入れて加熱乾燥中，ビタミン剤の溶剤（イソプロピルアルコール）が蒸発し，乾燥装置内で爆発範囲内の濃度に達し，電熱器から引火爆発し，1名死亡，2名負傷した。 ・地下倉庫内においてイソプロピルアルコールの入った塗装を用いて機械部品の塗装を行っていたところ，1名が頭痛を訴えた。 ・油系産業廃棄物の焼却処理施設で，廃液剤タンク内の清掃作業を行っていたところ，作業者1名がイソプロピルアルコール中毒を起こし死亡した。
エ	予防措置	**貯　蔵**……火気厳禁。容器は密栓し保管する。酸化剤と一緒に置かない。 **作業環境管理**……第2種有機溶剤の設備を設ける。作業環境測定を6ヶ月以内ごとに1回実施する。 **作業管理**……換気に留意し，必要に応じて保護具を着用する。 **健康管理**……年2回の健康診断を実施する。共通健診項目および医師が必要と認める項目が必要である。
(4)	イソペンチルアルコール	
ア	主な用途	プラスチックの溶媒，酢酸エステルの製造，フタル酸アミンの製造
イ	有害性	液体および蒸気は，皮膚・眼・粘膜を刺激する。吸入により悪心，嘔吐，頭痛，めまい等を起こす。高濃度で長時間すると麻酔作用がある。

ウ	災害事例	・酢酸エステル合成釜内の整備を行うため内部に入ったところ，残留していたイソペンチルアルコール蒸気により中毒し，頭痛，吐き気等を訴えた。
エ	予防措置	**貯　蔵**……火気厳禁。容器は密栓し保管する。酸化剤と一緒に置かない。 **作業環境管理**……第2種有機溶剤の設備を設ける。作業環境測定を6ヶ月以内ごとに1回実施する。 **作業管理**……換気に留意し，必要に応じて保護具を着用する。 **健康管理**……年2回の健康診断を実施する。共通健診項目および医師が必要と認める項目が必要である。

(5)　エチルエーテル

ア	主な用途	溶剤，酢酸凝縮剤，硝化綿の溶媒，レザー・火薬・ゴムの製造，製薬，冷却用香料
イ	有害性	皮膚・眼・のどを刺激する。吸入すると強い麻酔作用がある。2,000 ppm以上でめまいを起こし，35,000 ppm以上で意識不明，10,000 ppm（10%）以上で呼吸麻ひを起こして死亡する。慢性中毒の場合は，めまい・頭痛・疲労・食欲減退・不眠等の症状を訴える。
ウ	災害事例	・帯電防止剤，殺虫剤をエアゾール缶に詰める工場で，エアゾール原液の溶剤に使用するエーテルを，手押しポンプで容器に小分けしているとき，その付近にあった火から引火爆発し，5名が負傷した。 ・研究室において，エチルエーテルの水蒸気蒸留を行っていた際，エチルエーテルが装置内で完全に回収できず装置外に漏れたため，作業者1名が急性中毒となった。
エ	予防措置	**貯　蔵**……火気厳禁。容器は密栓し，冷暗所に保管する。酸化剤と一緒に置かない。 **作業環境管理**……第2種有機溶剤の設備を設ける。作業環境測定を6ヶ月以内ごとに1回実施する。 **作業管理**……換気に留意し，必要に応じて保護具を着用する。 **健康管理**……年2回の健康診断を実施する。共通健診項目および医師が必要と認める項目が必要である。

(6)　エチレングリコールモノエチルエーテル（セロソルブ）（皮）(注)

ア	主な用途	ニトロセルローズ油脂，樹脂の溶剤，ラッカー，シンナーの原料
イ	有害性	皮膚・眼・のどを刺激し，吸入すると麻酔作用がある。肝臓・腎臓の病変を起こすことがある。経皮吸収される。
ウ	災害事例	単独溶剤として適当な事例は見当たらない。
エ	予防措置	**貯　蔵**……火気厳禁。容器は密栓し保管する。酸化剤と一緒に置かない。 **作業環境管理**……第2種有機溶剤の設備を設ける。作業環境測定を6ヶ月以内ごとに1回実施する。 **作業管理**……換気に留意し，必要に応じて保護具を着用する。特に経皮吸収を防止するため不浸透性の化学防護手袋を使用する。 **健康管理**……年2回の健康診断を実施する。共通健診項目，貧血の検査（血色素量，赤血球数）および医師が必要と認める項目が必要である。

(7)　エチレングリコールモノエチルエーテルアセテート（セロソルブアセテート）（皮）(注)

ア	主な用途	ニトロセルローズ油脂，樹脂の溶剤，ラッカー，シンナーの原料
イ	有害性	皮膚・眼・のどを刺激し，吸入すると麻酔作用がある。貧血を起こし，また，肝臓・腎臓を侵すことがある。経皮吸収される。
ウ	災害事例	・天井裏で電気配線工事を行っていたところ，排気ダクトの破損に気付き，これを補修していたところ，エチレングリコールモノエチルエーテルアセテートの蒸気を吸入して被災した。
エ	予防措置	**貯　蔵**……火気厳禁。容器は密栓し換気良好な冷暗所に保管する。酸化剤と一緒に置かない。 **作業環境管理**……第2種有機溶剤の設備を設ける。作業環境測定を6ヶ月以内ごとに1回実施する。 **作業管理**……換気に留意し，必要に応じて保護具を着用する。特に経皮吸収を防止するため不浸透性の化学防護手袋を使用する。 **健康管理**……年2回の健康診断を実施する。共通健診項目，貧血の検査（血色素量，赤血球数）および医師が必要と認める項目が必要である。

(8)　エチレングリコールモノ－ノルマル－ブチルエーテル（ブチルセロソルブ）（皮）(注)

ア	主な用途	ニトロセルローズ油脂，樹脂の溶剤
イ	有害性	皮膚・眼・のどを刺激し，吸入すると麻酔作用がある。貧血を起こし，また，肝臓・腎臓を侵すことがある。経皮吸収される。

ウ	災害事例	・ブチルセロソルブを含有する塗料を長時間使用した者が肝臓と腎臓に障害を起こした。
エ	予防措置	**貯 蔵**……火気厳禁。容器は密栓し換気良好な冷暗所に保管する。漏えいの有無を定期的に点検する。酸化剤と一緒に置かない。 **作業環境管理**……第2種有機溶剤の設備を設ける。作業環境測定を6ヶ月以内ごとに1回実施する。 **作業管理**……換気に留意し，必要に応じて保護具を着用する。特に経皮吸収を防止するため不浸透性の化学防護手袋を使用する。 **健康管理**……年2回の健康診断を実施する。共通健診項目，貧血の検査（血色素量，赤血球数）および医師が必要と認める項目が必要である。

(9) エチレングリコールモノメチルエーテル（メチルセロソルブ）(皮)(注)

ア	主な用途	セルローズエステルレジン色素の溶剤，樹脂，セロファンの製造
イ	有 害 性	皮膚・眼・のどを刺激し，吸入すると麻酔作用がある。貧血を起こし，また，肝臓・腎臓を侵すことがある。経皮吸収される。
ウ	災害事例	・エチレングリコールモノメチルエーテルを含んだ塗料により，槽内を塗装していた者が中毒し倒れた。
エ	予防措置	**貯 蔵**……火気厳禁。容器は密栓し保管する。換気良好な冷暗所に保管する。漏えいの有無を定期的に点検する。酸化剤と一緒に置かない。 **作業環境管理**……第2種有機溶剤の設備を設ける。作業環境測定を6ヶ月以内ごとに1回実施する。 **作業管理**……換気に留意し，必要に応じて保護具を着用する。特に経皮吸収を防止するため不浸透性の化学防護手袋を使用する。 **健康管理**……年2回の健康診断を実施する。共通健診項目，貧血の検査（血色素量，赤血球数）および医師が必要と認める項目が必要である。

(10) オルト−ジクロルベンゼン

ア	主な用途	溶剤（油脂，樹脂，セルローズ誘導体），消毒剤，電熱媒体
イ	有 害 性	皮膚刺激が強い。吸入すると1,000 ppmで麻ひが起こる。動物実験で肝臓障害が起こっている。経皮吸収される。
ウ	災害事例	単独溶剤として適当な事例が見当たらない。
エ	予防措置	**貯 蔵**……火気厳禁。換気良好な冷暗所に保管する。 **作業環境管理**……第2種有機溶剤の設備を設ける。作業環境測定を6ヶ月以内ごとに1回実施する。 **作業管理**……蒸気は空気より約5倍重く，低い所にたまりやすいから厳重な注意が必要である。換気に留意し，必要に応じて保護具を着用する。 **健康管理**……年2回の健康診断を実施する。共通健診項目，肝機能の検査および医師が必要と認める項目が必要である。

(11) キシレン (皮)(注)

ア	主な用途	溶剤，染料，顔料，香料，テレフタル酸，合成繊維（テトロン）の原料，可塑剤・医薬の原料
イ	有 害 性	皮膚に繰り返し接触すると皮膚炎を起こす。眼を刺激し，吸入すると眼・鼻・のどを刺激する。高濃度の蒸気を吸入すると初めは興奮状態となり，ついで麻酔状態となり，そのままにして死亡する。 　慢性症状として骨髄障害を起こし貧血を起こすが，これはキシレンに混在するベンゼンによるものといわれている。 　肝臓や腎臓を侵すことがある。経皮吸収される。
ウ	災害事例	・建造中の船の二重底の塗装作業（溶剤はキシレン）中に，有機溶剤の臭いが強くなったので，10分間ほど休憩し，再び作業を始めたところ，息苦しくなり退避したが1名は死亡し，3名が中毒した。 ・ワックス可塑剤製造に使用したキシレンを再生するため，活性炭と一緒に蒸発釜に入れ，蒸気が漏れ引火爆発し，1名が死亡し，5名が負傷した。 ・設備工事業で自動車の自動洗浄機の貯水タンクの内部をキシレンで清掃中中毒した。換気能力不十分，保護具使用せず。
エ	予防措置	**貯 蔵**……火気厳禁。容器は密栓し，冷暗所に保管する。 **作業環境管理**……第2種有機溶剤の設備を設ける。作業環境測定を6ヶ月以内ごとに1回実施する。

		作業管理……換気に留意する。特に臨時作業では十分換気しつつ，必要に応じて保護具を着用する。特に経皮吸収を防止するため不浸透性の化学防護手袋を使用する。 **健康管理**……年2回の健康診断を実施する。共通健診項目，尿中のメチル馬尿酸の量の検査および医師が必要と認める項目が必要である。
(12)	クレゾール（皮）^(注)	
ア	主な用途	殺菌剤，防錆剤，染料，インクの原料
イ	有害性	皮膚・粘膜を強く刺激し，火傷（薬傷）を起こす。吸入すると中枢神経を侵す。また肝臓・腎臓を侵す。経皮吸収される。
ウ	災害事例	・クレゾールの入ったドラム缶を，はしけ取りしていたとき，缶にき裂が生じたため，ウインチで吊り上げた際にクレゾール液が漏れて飛散し，荷役中の作業者4名薬傷を起こした。
エ	予防措置	**貯　蔵**……火気厳禁。容器は密栓し，冷暗所に保管する。 **作業環境管理**……第2種有機溶剤の設備を設ける。作業環境測定を6ヶ月以内ごとに1回実施する。 **作業管理**……換気に留意し，必要に応じて保護具を着用する。特に経皮吸収を防止するため不浸透性の化学防護手袋を使用する。 **健康管理**……年2回の健康診断を実施する。共通健診項目，肝機能の検査および医師が必要と認める項目が必要である。
(13)	クロルベンゼン（皮）^(注)	
ア	主な用途	溶剤，染料，医薬・香料・その他有機化合物の合成原料
イ	有害性	皮膚に付着すると皮膚炎を起こす。蒸気は眼・のどを刺激する。吸入すると麻酔状態になる。慢性症状として肝臓・腎臓障害を起こす。
ウ	災害事例	・ゴム製品製造工場で，ゴム布地を重ね厚地の製品をつくるため，ゴム布地の接着乾燥作業中，接着剤の溶剤であるクロルベンゼンの蒸気を吸入し，頭痛，めまいを起こして3名が中毒した。 ・クロルベンゼンに硝酸を流下して，ニトロクロルベンゼンを製造中に反応缶が爆発して2名が死亡し，9名が負傷した。
エ	予防措置	**貯　蔵**……火気厳禁。容器は密栓し，漏えいしないように保管する。 **作業環境管理**……第2種有機溶剤の設備を設ける。作業環境測定を6ヶ月以内ごとに1回実施する。 **作業管理**……換気に留意し，必要に応じて保護具を着用する。特に経皮吸収を防止するため不浸透性の化学防護手袋を使用する。 **健康管理**……年2回の健康診断を実施する。共通健診項目，肝機能の検査および医師が必要と認める項目が必要である。
(14)	酢酸イソブチル	
ア	主な用途	ラッカー用溶剤，ニトロセルローズの溶剤，化粧品原料
イ	有害性	皮膚・眼・のどを刺激し，吸入すると麻酔作用がある。また肝臓を侵す。
ウ	災害事例	単独溶剤として適当な事例が見当たらない。
エ	予防措置	**貯　蔵**……火気厳禁。換気良好な冷暗所に保管する。酸化剤と一緒に置かない。 **作業環境管理**……第2種有機溶剤の設備を設ける。作業環境測定を6ヶ月以内ごとに1回実施する。 **作業管理**……換気に留意し，必要に応じて保護具を着用する。 **健康管理**……年2回の健康診断を実施する。共通健診項目および医師が必要と認める項目が必要である。
(15)	酢酸イソプロピル	
ア	主な用途	ニトロセルローズ・油脂・樹脂・ゴムの溶剤，塗料
イ	有害性	皮膚・眼・のどを刺激し，吸入すると麻酔作用がある。また肝臓を侵す。
ウ	災害事例	単独溶剤として適当な事例が見当たらない。
エ	予防措置	**貯　蔵**……火気厳禁。換気良好な冷暗所に保管する。酸化剤と一緒に置かない。 **作業環境管理**……第2種有機溶剤の設備を設ける。作業環境測定を6ヶ月以内ごとに1回実施する。 **作業管理**……換気に留意し，必要に応じて保護具を着用する。 **健康管理**……年2回の健康診断を実施する。共通健診項目および医師が必要と認める項目が必要である。
(16)	酢酸イソペンチル	
ア	主な用途	油脂・樹脂・ニトロセルローズの溶剤，香料

イ	有　害　性	皮膚・眼・のどを刺激し，吸入すると頭痛，めまい，吐き気を起こし，さらに麻酔作用がある。また肝臓を侵す。
ウ	災害事例	単独溶剤として適当な事例が見当たらない。
エ	予防措置	**貯　蔵**……火気厳禁。容器は密栓し，冷暗所に保管する。酸化剤と一緒に置かない。 **作業環境管理**……第2種有機溶剤の設備を設ける。作業環境測定を6ヶ月以内ごとに1回実施する。 **作業管理**……換気に留意し，必要に応じて保護具を着用する。 **健康管理**……年2回の健康診断を実施する。共通健診項目および医師が必要と認める項目が必要である。

⒄　酢酸エチル

ア	主な用途	溶剤，果実エッセンス，香料原料
イ	有　害　性	皮膚・眼・のどを刺激し，吸入すると麻酔作用がある。長時間吸入すると肺水腫を起こすことがある。
ウ	災害事例	・酢酸エチルを主成分とする溶剤を含有する接着剤を使用して，接着作業を行っていた者が軽い中毒にかかった。 ・床修理工事現場で，コンクリート床を酢酸エチルが主成分の有機溶剤により塗装作業を行ったところ，1名が中毒を起こした。
エ	予防措置	**貯　蔵**……火気厳禁。容器は密栓し，冷暗所に保管する。酸化剤と一緒に置かない。 **作業環境管理**……第2種有機溶剤の設備を設ける。作業環境測定を6ヶ月以内ごとに1回実施する。 **作業管理**……換気に留意し，必要に応じて保護具を着用する。 **健康管理**……年2回の健康診断を実施する。共通健診項目および医師が必要と認める項目が必要である。

⒅　酢酸ノルマル-ブチル

ア	主な用途	各種溶剤，香料製造，果実エッセンス
イ	有　害　性	皮膚・眼・のどを刺激し，角膜を侵すことがある。吸入すると麻酔作用があり，意識喪失する。
ウ	災害事例	・酢酸ノルマル-ブチル製造装置整備を行った者が軽い中毒にかかった。 ・シンナー（キシレン，酢酸ブチル等）をしみ込ませた布で墓石の汚れを落とす作業に従事していた際，めまいがして2〜3分間作業を休止したところ落ち着いたので作業を続行し，作業終了後退社する途中にめまいと吐き気が激しくなり，急性シンナー中毒と診断された。
エ	予防措置	**貯　蔵**……火気厳禁。容器は密栓し，冷暗所に保管する。酸化剤といっしょに置かない。 **作業環境管理**……第2種有機溶剤の設備を設ける。作業環境測定を6ヶ月以内ごとに1回実施する。 **作業管理**……換気に留意し，必要に応じて保護具を着用する。 **健康管理**……年2回の健康診断を実施する。共通健診項目および医師が必要と認める項目が必要である。

⒆　酢酸ノルマル-プロピル

ア	主な用途	塗料用溶剤，香料，印刷用インク
イ	有　害　性	皮膚・眼・のどを刺激し，吸入すると麻酔作用がある。また肝臓を侵す。
ウ	災害事例	単独溶剤として適当な事例が見当たらない。
エ	予防措置	**貯　蔵**……火気厳禁。容器は密栓し保管する。 **作業環境管理**……第2種有機溶剤の設備を設ける。作業環境測定を6ヶ月以内ごとに1回実施する。 **作業管理**……換気に留意し，必要に応じて保護具を着用する。 **健康管理**……年2回の健康診断を実施する。共通健診項目および医師が必要と認める項目が必要である。

⒇　酢酸ノルマル-ペンチル

ア	主な用途	溶剤，ラッカー，香料
イ	有　害　性	皮膚・眼・のどを刺激し，吸入すると麻酔作用がある。また肝臓を侵す。
ウ	災害事例	・酢酸ノルマル-ペンチルの製造装置の整備を行っていた者が，残留していた蒸気により中毒を起こした。
エ	予防措置	**貯　蔵**……火気厳禁。容器は密栓し保管する。酸化剤と一緒に置かない。 **作業環境管理**……第2種有機溶剤の設備を設ける。作業環境測定を6ヶ月以内ごとに1回実施する。

		作業管理……換気に留意し，必要に応じて保護具を着用する。 健康管理……年 2 回の健康診断を実施する。共通健診項目および医師が必要と認める項目が必要である。
(21)	酢酸メチル	
ア	主な用途	ニトロセルローズ塗料，ビニル樹脂塗料，その他の溶剤
イ	有　害　性	皮膚・眼・のどを刺激し，吸入すると麻酔作用がある。体内で酢酸とメタノールとに分解するのでメタノールの作用として視神経障害による失明を起こすことがある。
ウ	災害事例	・酢酸メチルを主成分とする溶剤を含有する塗料により，塗装を行っていた労働者が中毒を起した。
エ	予防措置	**貯　蔵**……火気厳禁。容器は密栓し，漏えいしないように保管する。酸化剤と一緒に置かない。 **作業環境管理**……第 2 種有機溶剤の設備を設ける。作業環境測定を 6 ヶ月以内ごとに 1 回実施する。 **作業管理**……換気に留意する。容器や装置を溶接修理する場合は，水洗・ガスパージを行ったのち，必ずガスを検知する。必要に応じて保護具を着用する。 **健康管理**……年 2 回の健康診断を実施する。共通健診項目および医師が必要と認める項目が必要である。
(22)	シクロヘキサノール （皮）^(注)	
ア	主な用途	ゴム，樹脂，染料，油脂などの溶剤
イ	有　害　性	皮膚・眼・のどを刺激し，吸入すると麻酔作用がある。また肝臓・腎臓を侵すことがある。経皮吸収される。
ウ	災害事例	単独溶剤として適当な事例が見当たらない。
エ	予防措置	**貯　蔵**……火気厳禁。冷暗所に保管する。酸化剤と一緒に置かない。 **作業環境管理**……第 2 種有機溶剤の設備を設ける。作業環境測定を 6 ヶ月以内ごとに 1 回実施する。 **作業管理**……換気に留意し，必要に応じて保護具を着用する。特に経皮吸収を防止するため不浸透性の化学防護手袋を使用する。 **健康管理**……年 2 回の健康診断を実施する。共通健診項目および医師が必要と認める項目が必要である。
(23)	シクロヘキサノン （皮）^(注)	
ア	主な用途	染料・油脂・ゴム・樹脂の溶剤
イ	有　害　性	皮膚・眼・のどを刺激し，吸入すると麻酔作用がある。また肝臓・腎臓を侵すことがある。経皮吸収される。
ウ	災害事例	・シクロヘキサノン製造工場において，酸化塔が爆発し 3 名死亡し，1 名負傷した。
エ	予防措置	**貯　蔵**……火気厳禁。容器は密栓し，漏えいしないように保管する。 **作業環境管理**……第 2 種有機溶剤の設備を設ける。作業環境測定を 6 ヶ月以内ごとに 1 回実施する。 **作業管理**……換気に留意し，必要に応じて保護具を着用する。特に経皮吸収を防止するため不浸透性の化学防護手袋を使用する。 **健康管理**……年 2 回の健康診断を実施する。共通健診項目および医師が必要と認める項目が必要である。
(24)	N,N−ジメチルホルムアミド	
ア	主な用途	溶剤（特にポリアクリルニトリル系繊維の紡糸溶剤），合成皮革の処理溶剤，アセトンの回収，エチレン・ブタジエンの分離精製，防虫・防錆塗料の溶剤
イ	有　害　性	皮膚・眼・のどを刺激し，高濃度の蒸気を吸入すると，のどの刺激，悪心を起こし，繰り返しばく露では肝臓障害を起こす。経皮吸収される。
ウ	災害事例	・N,N−ジメチルホルムアミドを長期間払拭溶剤として使用していた者が肝臓障害を起こした。 ・合成皮革製造工場でポリウレタン樹脂の溶剤として N,N−ジメチルホルムアミドを取り扱っていた労働者 19 名が中毒した。 ・タンク内の汚れを落とすため，薬品店より紹介された N,N−ジメチルホルムアミドを容易に使用し，タンク内で作業していた者全員 10 名が肝障害を起こした。 ・ブタジエン抽出塔内部において，残滓物を取り除く清掃作業を行っていたところ，残滓物に含まれていた N,N−ジメチルホルムアミド（抽出物補助溶剤）が塔内部に充満しており，作業を行った 11 名のうち 8 名が中毒となった。

エ	予防措置	**貯　蔵**……引火，爆発性があるから火気厳禁。容器は密栓し，漏えいしないように保管する。酸化剤といっしょに置かない。 **作業環境管理**……第2種有機溶剤の設備を設ける。作業環境測定を6ヶ月以内ごとに1回実施する。 **作業管理**……加熱した状態では引火しやすく，また蒸気は空気より重いので，低い所に滞留して爆発性混合ガスを作りやすいことにも注意を要する。またN,N-ジメチルホルムアミドは加熱すると一酸化炭素を生じるので，この害についても留意する必要がある。 　作業者の配置に当たっては肝・腎の障害のある者，慢性皮膚障害の既往歴のある者を除外することが望ましい。経皮吸収を防止するため不浸透性の化学防護手袋を使用する。 **健康管理**……年2回の健康診断を実施する。共通健診項目，尿中のN-メチルホルムアミドの量の検査，肝機能の検査および医師が必要と認める項目が必要である。

㉕　テトラヒドロフラン（皮）^(注)

ア	主な用途	塩化ビニル，塩化ビニリデン系樹脂による表面コーティング，保護コーティング，接着剤，フィルムの製造用溶剤，合成皮革表面処理剤，有機合成中間体原料
イ	有害性	皮膚・眼・のどを刺激する。蒸気を吸入すると吐き気，めまい，頭痛等中枢神経性症状を起こす。
ウ	災害事例	・船倉内の清掃を行っていた者が付近で漏れていたテトラヒドロフランの蒸気を吸入し，頭痛を訴えた。 ・プラスチック看板を製作する作業において，箱文字をメタアクリル樹脂系接着剤（テトラヒドロフラン含有）を用いて接着していたところ，テトラヒドロフランの蒸気を吸入して中毒を起こした。
エ	予防措置	**貯　蔵**……火気厳禁。電気設備は防爆構造にするのが望ましい。容器は密栓し，冷所に保管する。酸化剤と一緒に置かない。 **作業環境管理**……第2種有機溶剤の設備を設ける。作業環境測定を6ヶ月以内ごとに1回実施する。 **作業管理**……換気に留意し，必要に応じて保護具を着用する。特に経皮吸収を防止するため不浸透性の化学防護手袋を使用する。 **健康管理**……年2回の健康診断を実施する。共通健診項目および医師が必要と認める項目が必要である。

㉖　1,1,1-トリクロルエタン

ア	主な用途	常温金属洗浄，超音波洗浄，繊維のしみ抜き，写真フィルムの洗浄，ゴムの溶剤，接着剤の溶剤，各種混合溶剤
イ	有害性	高濃度短時間ばく露による急性中毒と，低濃度長期（反復）ばく露による慢性中毒がある。 **急性中毒**：短時間ばく露の際の気中トリクロルエタン濃度と症状との関係は表に示す通りで，初め粘膜の刺激，ついで中枢神経系の機能低下，麻酔が現れる。 **慢性中毒**：急性症状が現れない程度の濃度（500 ppm）であれば，繰り返しばく露していても，器質的な障害は起こるような濃度に繰り返しばく露していると，神経系の慢性中毒症状が現れる可能性がある。 　経口摂取の場合にもトリクロルエタンは消化管から吸収され，吸入時と同様の中毒症状を引き起こす。眼に液体が入った場合は，痛みと不快感を起こす。皮膚に繰り返し付着すると，トリクロルエタンの脱脂作用によって皮膚が荒れ，また皮膚炎を起こす。 1,1,1-トリクロルエタンの気中濃度と生体作用 <table><tr><th>濃度 ppm</th><th>作　用</th></tr><tr><td>20〜100 ppm</td><td>臭気を感じる。</td></tr><tr><td>500 ppm 以上</td><td>眼や上部気道の軽い刺激。</td></tr><tr><td>1,000 ppm 以上</td><td>眼の刺激，めまい，麻酔症状が現れる。</td></tr><tr><td>2,000 ppm 以上</td><td>速やかに麻酔におちいる。</td></tr><tr><td>30,000 ppm</td><td>5〜6分で死亡。</td></tr></table>

ウ	災害事例	・織物のしみぬき（トリクロルエタン）作業場の作業者6名が頭重，頭痛，めまい，咽頭痛，酩酊感，食欲不振を訴えた。 ・化学実験室のアスファルト抽出作業（トリクロルエタン）に従事していた作業者2名が頭重，頭痛，めまい，咽頭痛，酩酊感，食欲不振，性欲減退，脚のもつれなどを訴えた。血液および肝臓の異常はなかった。 ・繊維工業において，ナイロン商品の汚れを，1,1,1-トリクロルエタンで落とす作業で，2名が頭痛，咽頭痛の症状を起こした。 ・設備工事業で大型パルプ洗浄用設備のタンク内洗浄液の変更のため，タンク内の洗浄液をくみ出した後の清掃作業中1,1,1-トリクロルエタン蒸気を吸入し1名が急性中毒を起こし死亡した。
エ	予防措置	**貯　蔵**……不燃性である。容器は密栓し保管する。 **作業環境管理**……第2種有機溶剤の設備を設ける。作業環境測定を6ヶ月以内ごとに1回実施する。 **作業管理**……不燃性の溶剤であるが，熱分解によって塩素や塩酸を発生するのでトリクロルエタンがついたままの金属をハンダづけするか，気中トリクロルエタン濃度が数ppm以上ある場所での溶接作業などは行うべきでない。 　スプレー作業では脱脂洗浄作業に比べ高濃度を示す傾向があるので換気装置の稼動状況などに注意する。 **健康管理**……年2回の健康診断を実施する。共通健診項目，尿中のトリクロル酢酸または総三塩化物の量の検査および医師が必要と認める項目が必要である。なお，粘膜の刺激，神経系，消化器系の症状，麻酔作用の有無などの自覚症状に特に注目することが必要である。 　また，麻酔作用（作業中ボーッとすること），皮膚障害の有無に注意することも必要である。

(27)　**トルエン**（皮）[注]

ア	主な用途	爆薬，染料，有機顔料，医薬，甘味料，香料，合成繊維等の原料および溶剤，塗料原料
イ	有害性	液体または蒸気は皮膚・眼・のどを刺激する。皮膚にふれると脱脂作用がある。経皮吸収される。 　頭痛・めまい・疲労・貧血・造血機能障害・末梢神経障害などを起こす。 　高濃度では麻酔状態におちいり，意識喪失，ときには死亡することがある。なお，貧血・造血機能障害は混在するベンゼンによる。
ウ	災害事例	・布にトルエンをしみこませ，シリンダーを清拭作業中の作業者1名が急に倒れた。症状は嘔吐，顔面蒼白，意識不明，脈不良があった。 ・タンク内に多量の塗料を持ち込み作業中に2名が意識不明となり死亡した。高濃度のトルエン蒸気を吸入したためである。 ・木造家屋新築工事現場において，脱衣場の壁の下塗り作業中に，作業者1名がトルエン中毒のため死亡した。出入り口以外は全て目張りされ，ほぼ密閉状態だった。
エ	予防措置	**貯　蔵**……火気厳禁。容器は密栓し，冷暗所に保管する。漏えいの有無を点検する。酸化剤と一緒に置かない。 **作業環境管理**……第2種有機溶剤の設備を設ける。作業環境測定を6ヶ月以内ごとに1回実施する。 **作業管理**……換気に留意する。 　トルエンは静電気が起こりやすいので，移液等の際にはパイプ，ホース，容器等を接地しておく。特にタンクローリー等への積みおろし作業においては，流速を小さくするとともに，ホースの先端をローリー底部にまで下げてから送給を行うか，またはローリーの底部から送給する。またトルエンを溶剤として塗料で吹付けを行うときには，電導性のホース，電導靴の使用が望ましい。トルエンが入っていたタンク，ドラム缶等を修理する場合は，あらかじめスチーム等で洗浄する等臨時の作業において細心の注意が必要である。必要に応じ保護具を使用する。特に経皮吸収を防止するため，不浸透性の化学防護手袋を使用する。 **健康管理**……年2回の健康診断を実施する。共通健診項目，尿中の馬尿酸の量の検査および医師が必要と認める項目が必要である。

(28)　**ノルマルヘキサン**（皮）[注]

ア	主な用途	接着剤，一般溶剤，精密機械洗浄剤

イ	有　害　性	皮膚・粘膜を刺激する。吸入すると頭痛，めまい，高濃度の吸入時には麻酔作用が現れる。また手足の感覚麻ひ，歩行困難など多発性神経炎の症状が起こる。経皮吸収される。
ウ	災害事例	・ヘップサンダルの製造作業において，ノルマルヘキサンを主溶剤としたゴムのりを使用し，接着作業を行っていたところ94名が中毒した。その主な障害は知覚および運動の末梢神経障害であり，軽症者は四肢の知覚異常のみであるが，中等症は筋力の低下が現れ，重症になると四肢の筋肉も萎縮する。 ・腕時計の指針を印刷する工程において，ノルマルヘキサン洗浄液による多発性神経炎32名が発生した。経皮吸収によってばく露した。 ・会議室において，新聞折込チラシ掲載の商品撮影のため，有機溶剤（ノルマルヘキサン，シクロヘキサンを含む）を用いて商品の値札を剥がしていたところ，作業者1名が中毒となった。
エ	予防措置	**貯　蔵**……火気厳禁。極度に引火しやすい。蒸気は空気より重く床面をはい，遠くへ流れ，低い所に滞留して爆発性混合をつくりやすい。容器は密栓し，冷所に保管する。漏えいの有無を定期的に点検する。酸化剤と一緒に置かない。 **作業環境管理**……第2種有機溶剤の設備を設ける。作業環境測定を6ヶ月以内ごとに1回実施する。 **作業管理**……換気に留意し，必要に応じて保護具を着用する。特に経皮吸収を防止するため，不浸透性の化学防護手袋を使用する。 **健康管理**……年2回の健康診断を実施する。共通健診項目，尿中の2,5-ヘキサジオンの量の検査および医師が必要と認める項目が必要である。

(29)　1-ブタノール（皮）[注]

ア	主な用途	塗料溶剤，酢酸ノルマル—ブチル原料，香料原料，アルコール精製，果実エッセンス，可塑剤原料，医薬
イ	有　害　性	蒸気は眼・鼻・のどを刺激する（蒸気は特異な臭気があるので約15 ppmの濃度から感知できる。）。吸入すると呼吸器を刺激する。また麻酔作用がある。肝臓・腎臓を侵す。経皮吸入される。
ウ	災害事例	・ラッカー塗装をしていた作業者1名が，角膜に炎症を起こした。溶剤中のブタノールが原因と思われる。
エ	予防措置	**貯　蔵**……火気厳禁。容器は密栓し，冷所に保管する。酸化剤といっしょに置かない。 **作業環境管理**……第2種有機溶剤の設備を設ける。作業環境測定を6ヶ月以内ごとに1回実施する。 **作業管理**……換気に留意し，必要に応じて保護具を着用する。 **健康管理**……年2回の健康診断を実施する。共通健診項目および医師が必要と認める項目が必要である。

(30)　2-ブタノール

ア	主な用途	果実エッセンス，ケトンの製造，ラッカー溶剤
イ	有　害　性	皮膚・眼・のどを刺激し，吸入すると麻酔作用がある。
ウ	災害事例	単独溶剤として適当な事例が見当たらない。
エ	予防措置	**貯　蔵**……火気厳禁。換気良好な冷暗所に保管する。酸化剤と一緒に置かない。 **作業環境管理**……第2種有機溶剤の設備を設ける。作業環境測定を6ヶ月以内ごとに1回実施する。 **作業管理**……換気に留意し，必要に応じて保護具を着用する。重い蒸気なので低い場所にたまるから注意が必要である。 **健康管理**……年2回の健康診断を実施する。共通健診項目および医師が必要と認める項目が必要である。

(31)　メタノール（皮）[注]

ア	主な用途	各種溶剤，燃料，ホルマリン原料，医薬，染料，火薬，香料，不凍液，写真フィルム
イ	有　害　性	皮膚・眼・のどを刺激する。吸入すると頭痛，めまい，悪心を起こし，視神経が侵され失明する。また中枢神経も侵され死亡することもある。経皮吸収される。
ウ	災害事例	・テープレコーダーの外箱清拭でメタノールを1日400 mL使用していた作業者が中毒した。 ・生化学分析用ゲル製品の製作工程中，ガラスに接着剤を塗布する作業者5名が，接着剤と水が反応したメタノールにより中毒症状を起こした。

エ	予防措置	**貯　蔵**……火気厳禁。容器は密栓し，冷所に保管する。漏えいの有無を定期的に点検する。酸化剤と一緒に置かない。 **作業環境管理**……第2種有機溶剤の設備を設ける。作業環境測定を6ヶ月以内ごとに1回実施する。 **作業管理**……換気に留意し，必要に応じて保護具を着用する。特に経皮吸収を防止するため，不浸透性の化学防護手袋を使用する。 **健康管理**……年2回の健康診断を実施する。共通健診項目および医師が必要と認める項目が必要である。
(32)	\multicolumn{2}{l}{メチルエチルケトン（皮）(注)}	
ア	主な用途	ラッカー用溶剤，硝酸セルローズ，各種合成樹脂用溶剤，鉱油精製，印刷インク，洗浄剤
イ	有 害 性	皮膚・眼・のどを刺激し，吸入すると麻酔作用があり，意識不明になる。13,000〜18,000 ppm では4〜8時間ばく露で生命危機である。経皮吸収される。
ウ	災害事例	・布（ビニロン）に接着剤を塗布して常温乾燥後，熱風乾燥器に入れて乾燥したところ，接着剤中の溶剤（メチルエチルケトン）の残ガスが爆発し，1名が負傷した。 ・皮製安全靴の製造工程において，メチルエチルケトンを染み込ませたウエスを用いて靴底の払拭作業を行ったところ，メチルエチルケトンの蒸気を吸入して1名中毒を起こした。当該事業場に採用されて3日目であった。
エ	予防措置	**貯　蔵**……火気厳禁。容器は密栓し，冷暗所に保管する。漏えいの有無を定期的に点検する。酸化剤と一緒に置かない。 **作業環境管理**……第2種有機溶剤の設備を設ける。作業環境測定を6ヶ月以内ごとに1回実施する。 **作業管理**……換気に留意し，必要に応じて保護具を着用する。特に経皮吸収を防止するため不浸透性の化学防護手袋を使用する。 **健康管理**……年2回の健康診断を実施する。共通健診項目および医師が必要と認める項目が必要である。
(33)	\multicolumn{2}{l}{メチルシクロヘキサノール}	
ア	主な用途	セルローズエステルの溶剤，石けん製造
イ	有 害 性	皮膚・眼・のどを刺激し，吸入すると麻酔作用がある。また肝臓・腎臓が侵されることがある。
ウ	災害事例	単独溶剤として適当な事例が見当たらない。
エ	予防措置	**貯　蔵**……火気厳禁。換気良好な冷暗所に保管する。 **作業環境管理**……第2種有機溶剤の設備を設ける。作業環境測定を6ヶ月以内ごとに1回実施する。 **作業管理**……換気に留意し，必要に応じて保護具を着用する。 **健康管理**……年2回の健康診断を実施する。共通健診項目および医師が必要と認める項目が必要である。
(34)	\multicolumn{2}{l}{メチルシクロヘキサノン（皮）(注)}	
ア	主な用途	繊維素，塗料溶剤
イ	有 害 性	皮膚・眼・のどを刺激し，吸入すると麻酔作用がある。また肝臓・腎臓を侵すことがある。経皮吸収される。
ウ	災害事例	単独溶剤として適当な事例が見当たらない。
エ	予防措置	**貯　蔵**……火気厳禁。換気良好な冷暗所に保管する。蒸気は空気より4倍重いため低い場所や遠くに流れて火災の原因になることがあるので注意を要する。酸化剤と一緒に置かない。 **作業環境管理**……第2種有機溶剤の設備を設ける。作業環境測定を6ヶ月以内ごとに1回実施する。 **作業管理**……換気に留意し，必要に応じて保護具を着用する。特に経皮吸収を防止するため，不浸透性の化学防護手袋を使用する。 **健康管理**……年2回の健康診断を実施する。共通健診項目および医師が必要と認める項目が必要である。
(35)	\multicolumn{2}{l}{メチル−ノルマル−ブチルケトン（皮）(注)}	
ア	主な用途	一般溶剤
イ	有 害 性	皮膚・眼・のどを強く刺激し，吸入すると強い麻酔作用がある。また，末梢神経障害を起こす。経皮吸収される。

ウ	災害事例	・船底貯水槽のさび止塗装をしていた作業者がメチル-ノルマル-ブチルケトンにより中毒死亡した。
エ	予防措置	**貯　蔵**……火気厳禁。換気良好な冷暗所に保管する。過酸化物とは隔離する。 **作業環境管理**……第2種有機溶剤の設備を設ける。作業環境測定を6ヶ月以内ごとに1回実施する。 **作業管理**……換気に留意し，必要に応じて保護具を着用する。特に経皮吸収を防止するため，不浸透性の化学防護手袋を使用する。 **健康管理**……年2回の健康診断を実施する。共通健診項目および医師が必要と認める項目が必要である。

(注)：(皮) は経皮的に吸収され，全身的影響を起こしうる物質。

(3)　第3種有機溶剤

(1)	ガソリン	
ア	主な用途	燃料，塗料，一般溶剤 (注) ガソリンには自動車ガソリン，航空ガソリン，工業ガソリン等がある。 　なお，工業ガソリンには，ベンジン，ゴム揮発油，大豆揮発油，ミネラルスピリット，クリーニングソルベントなどがある。また石油エーテル，石油ベンジン等もガソリンとだいたい似た性質をもっている。
イ	有害性	皮膚・眼・のどを刺激し，吸入すると神経症状を起こす。飲み下すと，吐き気・嘔吐・けいれん・心悸亢進・呼吸困難が起こる。

ガソリンの気中濃度と生体作用

10 mg/L	6時間障害なしに耐えうる。
10〜20 mg/L	0.5〜1時間耐えられ急性症状や後作用がない。
20〜30 mg/L	0.5〜1時間以内に生命危険。
30〜40 mg/L	0.5〜1時間以上で死亡。

ウ	災害事例	・ガソリンスタンドにおいて，車両整備用ピットで車からガソリンの抜き取り作業を行っていたところ，それをしゃがんで見学していた1名が，ガソリン蒸気を吸入し中毒となった。
エ	予防措置	**貯　蔵**……火気厳禁。容器は密栓し，冷暗所に保管する。特に小出し容器にふたをすることを忘れてはならない。 **作業環境管理**……第3種有機溶剤の設備を設ける。 **作業管理**……換気に留意する。使用済のドラム缶や容器の溶断等は，内部を十分に洗浄してから行う。加鉛ガソリンは洗浄その他有機溶剤として使用しない。必要に応じ保護具を使用する。 **健康管理**……タンク等の内部の業務は，年2回の健康診断を実施する。
(2)	コールタールナフサ	
ア	主な用途	塗料，接着剤，ワニス，ラッカー溶剤および希釈剤
イ	有害性	皮膚・眼・のどを刺激し，蒸気を吸入すると麻酔作用があり，目まい，吐き気，失神することがある。回復しても二日酔いのような症状が残る。 　慢性中毒では疲労感，貧血，胃腸障害，神経衰弱のような症状を示す。皮膚からも容易に吸収される。
ウ	災害事例	単独溶剤として適当な事例が見当たらない。
エ	予防措置	**貯　蔵**……火気厳禁。換気良好な冷暗所に保管する。 **作業環境管理**……第3種有機溶剤の設備を設ける。 **作業管理**……換気に留意し，必要に応じて保護具を着用する。 **健康管理**……タンク等の内部の業務は，年2回の健康診断を実施する。
(3)	石油エーテル	
ア	主な用途	洗浄用溶剤，内燃機関燃料
イ	有害性	皮膚・眼・のどを刺激する。吸入すると頭痛，めまい，吐き気を起こす。吸収されると麻酔作用および造血障害ありとされているが，混在するベンゼンによるとの意見がある。
ウ	災害事例	単独溶剤として適当な事例が見当たらない。

エ	予防措置	**貯　蔵**……火気厳禁。換気良好な冷暗所に保管する。 **作業環境管理**……第3種有機溶剤の設備を設ける。 **作業管理**……換気に留意し，必要に応じて保護具を着用する。 **健康管理**……タンク等の内部の業務は，年2回の健康診断を実施する。
(4)　石油ナフサ		
ア	主な用途	塗料，洗浄用溶剤，内燃機関燃料
イ	有害性	皮膚・眼・のどを刺激する。吸入すると頭痛，めまい，吐き気を起こす。吸収されると麻酔作用および造血障害ありとされているが，混在するベンゼンによるとの意見がある。
ウ	災害事例	・ビルの外壁改修工事において，既存の塗膜するため，軍手の上に塩化ビニル樹脂製手袋を着用し，剥離剤（石油ナフサなど）をビル外壁に刷毛により塗布後，剥離作業をしたところ，作業者4名が手に痛みを感じ当該部位が水ぶくれ状態となり，化学熱傷と診断された。 ・船舶の定期検査のためオイルタンク内に入ったところ，残留していた石油ナフサの蒸気を吸入して1名が中毒となった。
エ	予防措置	**貯　蔵**……火気厳禁。換気良好な冷暗所に保管する。 **作業環境管理**……第3種有機溶剤の設備を設ける。 **作業管理**……換気に留意し，必要に応じて保護具を着用する。 **健康管理**……タンク等の内部の業務は，年2回の健康診断を実施する。
(5)　石油ベンジン		
ア	主な用途	塗料，油脂などの抽出液，しみ抜き，化粧品
イ	有害性	吸入すると麻酔作用があり，頭痛，めまい，吐き気，失神することがある。
ウ	災害事例	・繊維を石油ベンジンにひたし乾燥する作業に従事していた作業者1名がガスを吸入し，中毒した。労働衛生上の措置を全くしていなかった。
エ	予防措置	石油ナフサに同じ。
(6)　テレビン油		
ア	主な用途	溶剤，ワニス，ペイントの製造，合成ショウノウ，香料，殺虫剤，医薬
イ	有害性	皮膚・眼・のどを刺激し，吸入すると頭痛，めまいを起こす。
ウ	災害事例	・テレビン油を精製する蒸留作業工程において，テレビン油が漏れ，加熱用バーナーから引火して火災となり，作業者2名が火傷した。 ・塗料溶剤として使用していたテレビン油により，皮膚炎が発生した。
エ	予防措置	石油ナフサに同じ。
(7)　ミネラルスピリット		
ア	主な用途	塗料の原料，油脂などの抽出剤，クリーニング溶剤
イ	有害性	皮膚・眼・のどを刺激し，ときには皮膚炎を起こす。また，蒸気を吸入すると麻酔・酩酊状態または種々の神経症状を起こす。
ウ	災害事例	・民家の浴室に隣接する吹き抜け部においてミネラルスピリット含有の塗料をローラーを使用し壁に塗装する作業中，防毒マスクを使用せず，また換気が不十分であったため，吐き気，涙等の中毒症状を発症し，翌日の診察結果で有機溶剤中毒と診断された。 ・工場改修工事において，4人で，柱，天井および内壁を刷毛とローラーを用いて塗装作業を行い，被災者（学生アルバイト）は，助手として塗装と溶剤（ミネラルスピリット）を混合して3人の容器にくみ渡す作業を行った。翌日になって身体にじん麻疹の症状が現れたため，病院を受診したところ急性じん麻疹および薬物性肝障害と診断された。
エ	予防措置	石油ナフサに同じ。

⑷　特別有機溶剤

　特別有機溶剤については，単一成分の含有量が重量の1%を超えるものについては，6カ月以内ごとに1回，その単一成分について，特化則に基づく健康診断の実施が必要になる（記録は30年間）。なお，エチルベンゼン塗装業務，1,2-ジクロロプロパン洗浄・払拭業務，ジクロロプロパン洗浄・払拭業務については，過去従事したことのある労働者で現に雇用しているものについては，同様に特化側に基づく健康診断を実施する。

　特別有機溶剤と有機溶剤の合計の含有率が，重量の5%を超えるものについては，6カ月以内ごとに1回，有機則に基づく健康診断の実施が必要になる（記録は5年間）。

　なお，特化則と有機則による特集健康診断を併せて実施する場合は，共通項目について重ねて実施する必要はない。

(1)	エチルベンゼン	
ア	主な用途	スチレン単量体の中間原料，有機合成，溶剤，希釈剤
イ	有害性	発がん性（IARC：区分2（ヒトに対する発がん性が疑われる）） 皮膚や粘膜に接触すると刺激を与える。吸入により気道の炎症を起こす。眼に入ると結膜炎を起こす。高濃度蒸気を吸入すると中枢神経に作用し，意識消失する。 動物実験での胎児への影響が示されている（生殖毒性）
ウ	災害事例	・マンション新築工事に関連して，1階床下の配管用ピット内に，1階床コンクリートの打設時の型枠支保工に使用した梁や支柱が残っていたことから，これらのさび止めのための塗装作業を実施していたところ，作業者2名と現場監督1名が中毒を発症した。
エ	予防措置	**貯　蔵**……火気厳禁。容器は密閉し通風のより冷所に保管する。静電気放電に対する予防措置を講じる。強酸化剤と反応するため一緒に置かない。 **作業環境管理**……屋内作業場では，発散源を密閉化する設備，局所排気装置またはプッシュプル型換気装置を設置する。 **作業管理**……屋内作業場では送気マスク又は有機ガス用防毒マスクを着用させる。タンク内等の作業では送気マスクを着用させる。保護めがね，化学防護手袋，化学防護服などを用いて皮膚の露出部がないようにする。 **健康管理**……有機溶剤中毒予防規則（有機則）および特定化学物質障害予防規則（特化則）に基づく健康診断を年2回実施する。過去，エチルベンゼン塗装業務に従事したことのある労働者で現に雇用している者にも，特化則に基づく健康診断を実施する。
(2)	クロロホルム	
ア	主な用途	溶剤，有機合成の原料，アニリンの検出。（以前は，医薬品（麻酔剤，消毒剤），弗素系冷媒の製造などに用いられていた。）
イ	有害性	強い麻酔性がある。また，肝臓・腎細尿管・心筋等に細胞毒として作用する。 皮膚・粘膜を侵す。高濃度の蒸気を吸入すると，興奮状態，反射機能の喪失，感覚麻ひ，意識喪失，呼吸停止が起こり死亡する。低濃度の蒸気に繰り返しばく露すると慢性症状として胃腸障害，肝臓・腎臓障害を起こす。 クロロホルムの気中濃度と生体作用 |　濃度 ppm　|　作　用　| 30：臭気が感知できる。しかしすぐ嗅覚が麻ひする。 100：不快感や不安感が起こる。 1,000：5〜10分間のばく露で，めまい吐き気をもよおし，頭痛が残る。 4,000〜5,000：脈拍が早くなる。嘔吐・思考混乱等が起こる。 14,000〜16,000：麻ひ性を発揮する危険濃度
ウ	災害事例	・クロロホルムを溶剤として使用する作業に長期間従事していた者が胃腸障害，肝障害を起こした。 ・クリーンルーム内で，複写機用の感光ドラムにクロロホルム含有の液体材料を塗布する作業に保護具をつけず従事した作業者2名が急性肝炎となった。

エ	予防措置	**貯　蔵**……容器を密栓し，換気良好な場所に保管する。
		作業環境管理……第1種有機溶剤等の設備を設ける。作業環境測定を6ヶ月以内ごとに1回実施する。
		作業管理……換気に留意する。クロロホルムは光・熱により分解して有害なホスゲンを生成することがあるので注意する。必要に応じて保護具を使用する。
		健康管理……有機則および特化則に基づく健康診断を年2回実施する。

(3)　四塩化炭素（皮）[注]

ア	主な用途	溶剤，樹脂・農薬の原料
イ	有害性	四塩化炭素は肝臓毒として知られた溶剤であって，その毒性は1,1,1-トリクロルエタン＜テトラクロルエチレン＜トリクロルエチレン＜クロロホルム＜四塩化炭素という序列である。 　四塩化炭素は皮膚・粘膜に付着すると炎症を起こす。呼吸器および皮膚から吸収される。肝臓・腎臓・心臓，肺および神経系に障害を起こす。また，高濃度の蒸気にばく露されると頭痛，疲労，悪心，嘔吐，めまい，視力障害を起こし，吸収量が多い場合には，数時間ないし2日後に，肝臓・腎臓障害が現れる。
ウ	災害事例	・タンク内部を四塩化炭素で洗浄していたところ，急性中毒を起こした。 ・土石，岩石の試掘に使用するダイヤモンドビットを製造する事業場で，ビットの先端のダイヤモンド充てん作業で四塩化炭素を溶剤としたゴム粘土を使用していたが，嘔吐，食欲不振，肝臓障害がみられ，24名中13名に四塩化炭素による肝機能障害が発見された。 ・四塩化炭素をパイプ輸送中，誤操作により噴出し，全身に浴び休業10日に中毒を起こした。
エ	予防措置	**貯　蔵**……亜鉛または錫メッキをした鋼鉄製容器に保管（合成樹脂製は不可）。高温に接しない場所に保管する。ドラム缶を保管するには直射日光を避け冷所におく。四塩化炭素の蒸気は空気より重く，低所に滞留するので地下室等の換気の悪い場所には保管しない。 **作業環境管理**……第1種有機溶剤の設備を設ける。作業環境測定を6ヶ月以内ごとに1回実施する。 **作業管理**……換気に留意する。必要に応じ，保護具を使用する。特に経皮吸収を防止するため，不浸透性の化学防護手袋を使用する。 **健康管理**……有機則および特化則に基づく健康診断を年2回実施する。

(4)　1,4-ジオキサン（皮）[注]

ア	主な用途	油脂・樹脂の溶剤，ラッカー・ペイントの調合
イ	有害性	皮膚・眼・のどを刺激し，吸入すると弱い麻酔作用がある。また肝臓・腎臓を侵す。経皮吸収される。
ウ	災害事例	・ウレタン加工品の製造工程のうち，1,4-ジオキサンやポリウレタン等の添加物を混合した物を押出機を用いて成形加工中，1,4-ジオキサンのガスを吸収し続けたため，肝機能障害を起こした。 ・半導体封止材用のエポキシ樹脂製造設備において，蒸留回収したジメチルスルホキシドを入れた溶剤回収槽にエピクロルヒドリンやジオキサン等が混入し，異常反応により破裂し爆発した。
エ	予防措置	**貯　蔵**……火気厳禁。容器は密栓し，冷暗所に保管する。酸化剤と一緒に置かない。 **作業環境管理**……第2種有機溶剤の設備を設ける。作業環境測定を6ヶ月以内ごとに1回実施する。 **作業管理**……換気に留意し，必要に応じて保護具を着用する。特に経皮吸収を防止するため不浸透性の化学防護手袋を使用する。 **健康管理**……有機則および特化則に基づく健康診断を年2回実施する。

(5)　1,2-ジクロロエタン

ア	主な用途	塩化ビニル製造の中間体，塗料溶剤，洗浄用，抽出用
イ	有害性	皮膚・粘膜に付着すると，皮膚障害，結膜炎等を起こすことがある。高濃度の蒸気に吸入すると肝臓肥大を起こし，肺出血・肺浮腫が起こり，中枢神経機能が麻ひして死亡する。
ウ	災害事例	・抽出のため，1,2-ジクロロエタンを使用した後，装置の整備をしていた者が中毒し，吐き気を訴えた。 ・化学工場で，染色中間体等を製造していたが，原料アセトアニリドを反応釜に仕込み作業中，溶解釜から流れた1,2-ジクロロエタン蒸気を吸入して1名が失神した。

エ	予防措置	**貯　蔵**……火気厳禁。容器は密栓し，冷所におく。 **作業環境管理**……第1種有機溶剤等の設備を設ける。本剤は引火・爆発性があるので電気設備は必要に応じ防爆構造にする。作業環境測定は6ヶ月以内ごとに1回実施する。 **作業管理**……換気に留意する。必要に応じ保護具を使用する。 **健康管理**……有機則および特化則に基づく健康診断を年2回実施する。
(6)	**1,2-ジクロロプロパン**	
ア	主な用途	金属用洗浄剤，印刷用洗浄剤，他の製剤の原料・中間体および中間体含有物
イ	有害性	発がん性（IARC：区分1（ヒトに対して発がん性がある））。長期間にわたる高濃度ばく露により胆管がん発症の原因となる蓋然性が高い。 皮膚や粘膜に接触すると刺激を与える。高濃度蒸気を吸入すると肝臓，腎臓に影響し，中枢神経を抑制する。
ウ	災害事例	・比較的長期間，校正印刷業務（印刷機のインクの洗浄・払拭に1,2-ジクロロプロパンを使用）に従事した労働者が胆管がんを発症し死亡した。（蓋然性が高いとして労災認定）
エ	予防措置	**貯　蔵**……火気厳禁。容器は密閉し通風のより冷所に保管する。静電気放電に対する予防措置を講じる。 **作業環境管理**……屋内作業場では，発散源を密閉化する設備，局所排気装置またはプッシュプル型換気装置を設置する。 **作業管理**……屋内作業場では送気マスク又は有機ガス用防毒マスクを着用させる。タンク内等の作業では送気マスクを着用させる。保護めがね，化学防護手袋，化学防護服などを用いて皮膚の露出部がないようにする。 **健康管理**……有機則および特化則に基づく健康診断を年2回実施する。過去，1,2-ジクロロプロパン洗浄・払拭業務に従事したことのある労働者で現に雇用している者にも特化則に基づく健康診断を実施する。
(7)	**ジクロロメタン（皮）**(注)	
ア	主な用途	油脂・樹脂・ゴムなどの溶剤，冷媒，脱脂剤，抽出剤，消火剤，不燃性フィルム製造用溶剤
イ	有　害　性	皮膚・眼・のどを刺激し，吸入すると麻酔作用がある。クロロホルムに比し毒性が少なく比較的早く醒めるので昔は麻酔薬として使用したこともある。肝臓障害は少ない。経皮吸収される。
ウ	災害事例	・塗装等の前処理用の洗浄槽に槽内を清掃するために入ったところ，洗浄液（ジクロロメタン）の残留ガスを吸引し，作業者1名が急性中毒を起こした。 ・屋内の加工場においてフライス盤，旋盤等を用いてアルミニウム製品の金属加工を行い，ジクロロメタンを用いて脱脂を行っていたところ，作業者1名に咳が出る等の自覚症状が出現した。 ・メッキ工場において，超音波自動洗浄装置（ジクロロメタン使用）内部のチェーンベルトコンベアー修理中に，同装置内部の洗浄槽に製品やかごが落下したため，これらを回収しようとして洗浄槽内に入った被災者がジクロロメタンを吸入して中毒となった。2名が死亡。
エ	予防措置	**貯　蔵**……不燃性で空気中ではほとんど引火しない。金属とは120℃までは作用しない。 **作業環境管理**……第2種有機溶剤の設備を設ける。作業環境測定を6ヶ月以内ごとに1回実施する。 **作業管理**……換気に留意し，必要に応じて保護具を着用する。特に経皮吸収を防止するため不浸透性の化学防護手袋を使用する。 **健康管理**……有機則および特化則に基づく健康診断を年2回実施する。過去ジクロロメタン洗浄・払拭業務に従事したことのある労働者で現に雇用している者にも特化則に基づく健康診断を実施する。
(8)	**スチレン（皮）**(注)	
ア	主な用途	ポリスチレン樹脂，合成ゴム，ABS樹脂，ポリエステル樹脂，イオン交換樹脂，合成樹脂の製造原料，または溶剤
イ	有　害　性	繰り返し皮膚につくと炎症を起こす。また多発性神経炎を起こす。眼の粘膜を刺激し催涙性がある。経皮吸収される。 高濃度の蒸気は麻酔作用があり，1,000 ppmの濃度で30〜60分で死亡することがある。

ウ	災害事例	・木製品製造工場で，ステレオキャビネット用合成に樹脂加工する作業に従事していた者6名がスチレンによる皮膚炎を起こした。 ・スチレンの配管交換作業中，直立した配管の中程に逆止弁がありその上側部分に残存していたスチレンモノマーが逆流して配管上端部のフランジから漏えいし，現場にいた作業者3名が薬傷を負った。
エ	予防措置	**貯　蔵**……火気厳禁。電気設備は防爆構造にすることが望ましい。容器は密栓し，通風のよい冷所に保管する。硝酸，過マンガン酸，クロム酸等の強い酸化剤と一緒に置かない。 **作業環境管理**……第2種有機溶剤の設備を設ける。作業環境測定を6ヶ月以内ごとに1回実施する。 **作業管理**……換気に留意し，必要に応じて保護具を着用する。特に経皮吸収を防止するため不浸透性の化学防護手袋を使用する。 **健康管理**……有機則および特化則に基づく健康診断を年2回実施する。

(9)　1,1,2,2-テトラクロロエタン（皮）(注)

ア	主な用途	溶剤，殺虫剤，除草剤，有機合成剤
イ	有害性	皮膚・粘膜に中等度の刺激を与える。呼吸器および皮膚から吸収される。吸収すると頭がふらつき，麻酔状態をまねく。肝臓および腎臓障害がみられる。慢性症状として特に肝障害がみられる。加熱や燃焼により分解し，有害ガス（塩化水素，ホスゲン，一酸化炭素）を生成する。
ウ	災害事例	・洗浄用に1,1,2,2-テトラクロロエタンを使用していた労働者が肝臓障害を起こした。 ・ゴム工場で1,1,2,2-テトラクロロエタンを用いて，ゴムを溶解する作業者が作業中発散する蒸気を吸入し，肝臓障害を起こし，2年間に5名が死亡した。 ・テトラオキサン製造装置内の残留液を排出作業中，1,1,2,2-テトラクロロエタンを吸収し，急性肝炎を起こした。 ・模造真珠の染色作業に従事中，溶剤の1,1,2,2-テトラクロロエタンにより慢性中毒（肝臓）死亡。
エ	予防措置	**貯　蔵**……引火性はなく，揮発性も低いが毒性が強いので容器は密栓で保管する。小出しで使用する場合は容器はなるべく，ふた付きのものを用いる。 **作業環境管理**……第1種有機溶剤等の設備を設ける。作業環境測定を6ヶ月以内ごとに1回実施する。 **作業管理**……換気に留意する。必要に応じ保護具を使用する。特に経皮吸収を防止するため，不浸透性の化学防護手袋を使用する。 **健康管理**……有機則および特化則に基づく健康診断を年2回実施する。

(10)　テトラクロロエチレン（皮）(注)

ア	主な用途	ドライクリーニング溶剤，原毛洗浄，石けん溶剤
イ	有害性	皮膚・眼・のどを刺激し，吸入すると麻酔作用がある。頭痛，めまい，悪心，意識喪失を起こす。肝臓・腎臓を起こすことがある。 **テトラクロロエチレンの気中濃度と生体作用** | 濃度 ppm	作　用
---	---
30〜50 ppm	臭気を感じる。
200 ppm	目に刺激を感じる。
200〜280 ppm	2〜3時間で頭がふらつく。
1,000 ppm	45分後に中等度の酔いが起こる。
2,000 ppm	麻酔状態。	
ウ	災害事例	・船のタンク内壁が油で汚れたので，これを除去するため，洗剤（テトラクロロエチレン）で洗浄を始めたところ，間もなく2名が意識不明となり，救助に当たった者10名も中毒した。 ・金属押出しチューブ製造工場において，アルミ製のインパクト缶洗浄槽の掃除をするため，槽内に入った作業者1名が，テトラクロロエチレンの蒸気を吸って意識を失い2日後に死亡した。

エ　予防措置	**貯　蔵**……容器は密栓し保管する。 **作業環境管理**……第2種有機溶剤の設備を設ける。作業環境測定を6ヶ月以内ごとに1回実施する。 **作業管理**……本剤は引火性はないが，爆発範囲は酸素中で10.8〜54.5%であり，高温で空気にふれると熱分解し，一酸化炭素，塩素，ホスゲン等に有害ガスを生成することに注意する。換気に留意する。特に臨時作業では十分換気する。経皮吸収を防止するため不浸透性の化学防護手袋を使用する。 **健康管理**……有機則および特化則に基づく健康診断を年2回実施する。

(11)　トリクロロエチレン

ア　主な用途	溶剤（羊毛の脱脂洗浄，金属表面の脱脂洗浄，香料の抽出），冷媒，殺虫剤
イ　有害性	高濃度蒸気にばく露すると，眼刺激と麻酔が強く現れ，興奮状態から突然に意識不明になることがある。麻酔性はクロロホルムと四塩化炭素の中間ぐらいで，1回の麻酔では重症の肝障害を招くことはないので，短時間の手術に麻酔薬としても使用されていたが，繰り返しばく露で重度の肝障害を引き起こすので，今は使われない。 　急性的には麻酔性の呼吸麻ひによって死を招き，2,000 ppmに1時間のばく露で重症の急性中毒を招き，約400 ppmに数分間のばく露でも軽い麻酔症状が現れる。 　慢性的な作用の場合は，200 ppmの濃度で，長時間ばく露が続くと頭痛，目まい，悪心などの症状が現れる。 　産業現場で発生した慢性中毒の症状には視神経の障害による視野狭窄，三叉神経の障害による顔面，頬，舌の知覚麻ひ，下肢の神経麻ひによる歩行障害，肝障害などがあげられ，中枢神経の障害によって蒸気の嗜好性を招く症状には"トリ病"の名称がつけられている。これらの初期症状として作業者の訴えには倦怠，不活発，睡眠障害，目まい，吐き気，記憶力減退，関節痛，胸部圧迫感などのほか，耐酒性の変化（アルコールが飲めなくなる）がある。また，臨床検査の所見には貧血，白血球の減少，尿中ウロビリノーゲン，尿蛋白などが現れる。腎障害にも十分注意する必要がある。 　臭気は10 ppmからかすかに感知でき，50 ppm以上で目に刺激を感じる。ただし，これらの臭気および刺激には慣れの現象が強い。 　人間の呼吸により吸入される蒸気は，その約50〜70%が肺から吸収され，体内ではトリクロル酢酸などに変化して尿中に排泄される。 　トリクロルエチレンは皮膚に付着が繰り返されるとかなり激しい皮膚炎を起こし，さらに水疱を形成する。眼にふれると激しい痛みが生じ，2，3日間痛みがとれないこともある。

トリクロロエチレンの気中濃度と生体作用

10 ppm	かすかに臭気を感知できる。
50　〃	目に少し刺激を感ずる。
100　〃	かなり強い刺激を目に感じる。
200　〃	長時間ばく露が続くと頭痛，目まい，悪心が起こる。
400　〃	数分間のばく露でも軽い麻酔症状が現れる。
2,000　〃	約1時間のばく露で重症の急性中毒を起こす。

ウ	災害事例	・設備工事の作業者が，水槽内の汚物排除のため，洗浄液（トリクロロエチレン87.5％）を槽内に入り，12日間たってから排水して，廃棄用空気を送りながら水槽の内壁を水洗いしていたところ，作業者2名が中毒症状を起こし，さらに救助に入った4名も中毒を起こした。 ・タンクの内壁をトリクロロエチレンを用いて拭きとる作業を行っていた2名が，タンク内で倒れ，1名が死亡した。 ・トリクロロエチレンで印字活字払拭作業後，両腕・顔面に発赤炎症を起こした。 ・トリクロロエチレンを50％含む溶剤を使用して，配線ケーブル被覆機の作業に長年（勤続14年）従事していた作業者が肝障害を起こした。換気装置の能力が不十分だった。 ・自動車部品のメッキを行う事業場で，トリクロロエチレンによる脱脂作業に5年従事していた作業者が肝障害を起こした。局所排気装置が設置してあったが能力が不十分だった。 ・化学工場下請業者が酸処理槽のピッチ除去作業でトリクロロエチレンを使用し，1名が失神し，それを救出に入った3名も死亡した。 ・メッキ業で洗浄槽（トリクロロエチレン）の装置修理中，1名が失神，槽中に転落し死亡した。 ・金属製品製造業で製品洗浄槽内を清掃中3名が意識不明となる。救助者2名も失神した。 ・繊維工場で繊維加工用ラテックスの槽の洗浄にトリクロロエチレンを用い作業中に1名が中毒死亡した。 ・自動車部品の脱脂洗浄に使用するトリクロロエチレン洗浄装置に隣接した作業場でボルト締め作業中，滞留していたトリクロロエチレンの蒸気を吸入して1名が中毒した。呼吸用保護具を使用しなかった。
エ	予防措置	**貯　蔵**……容器は密栓し，冷暗所に保管する。合成樹脂容器には保管しない。直射日光にばく露したり，多量の酸素の存在下に長時間加熱したり，また短時間でも120℃以上に加熱したりすると分解し，塩素やホスゲンや一酸化炭素が生じる。 **作業環境管理**……第1種有機溶剤等の設備を設ける。作業環境測定は6ヶ月以内ごとに1回実施する。 **作業管理**……換気に留意する。特に重い蒸気のため低いところに滞留するので注意する必要がある。必要に応じ保護具を使用する。 　特に屋内作業場，またはタンク，船倉，坑，車両，ダクト等の内部において業務については必要ある場合送気マスクまたは有機ガス用防毒マスクの使用を厳守する。 **健康管理**……有機則および特化則に基づく健康診断を年2回実施する。

(12)　メチルイソブチルケトン　(皮)(注)

ア	主な用途	硝化面，油脂・樹脂の溶剤，抽出剤
イ	有害性	皮膚・眼・のどを刺激する。100 ppmで臭気を感じ，200 ppmで眼に刺激がある。400 ppmでは鼻，のどに刺激が起こり短時間ばく露の限界とされている。吸収すると強い麻酔作用がある。また肝臓を侵す。経皮吸収される。
ウ	災害事例	・メチルイソブチルケトンをバケツに入れ，機械部品の洗浄を行っていた者が中毒した。 ・船内水槽タンク内部の狭い場所で錆止塗装作業（メチルイソブチルケトン20％塗料）をしていたが昏倒し，死亡した。原因はホースマスクをしなかったため。 ・空容器集積場所で，空きドラムの縁と中にたまった雨水を排出するためドラム缶を転倒させたところ，缶内に残留していたメチルイソブチルケトン約1.4ℓが雨水とともに側溝に流れ，その蒸気が事務所に流入し，事務所内の作業者9名が中毒となった。
エ	予防措置	**貯　蔵**……火気厳禁。容器は密栓し保管する。漏えいのないように保管する。酸化剤と一緒に置かない。 **作業環境管理**……第2種有機溶剤の設備を設ける。作業環境測定を6ヶ月以内ごとに1回実施する。 **作業管理**……換気に留意する。貯槽・装置等の溶接・修理作業を行うときは水洗・ガスパージをし，ガス検知する。 　必要に応じて保護具を着用する。特に経皮吸収を防止するため，不浸透性の化学防護手袋を使用する。 **健康管理**……有機則および特化則に基づく健康診断を年2回実施する。

(注)：(皮)は経皮的に吸収され，全身的影響を起こしうる物質。

MEMO

MEMO

MEMO

MEMO

有機溶剤作業主任者の実務

―能力向上教育用テキスト―

平成 4 年 8 月10日	第 1 版第 1 刷発行
平成 5 年 4 月15日	第 2 版第 1 刷発行
平成20年 8 月29日	第 3 版第 1 刷発行
平成27年 3 月24日	第 4 版第 1 刷発行
令和 2 年 8 月31日	第 5 版第 1 刷発行
令和 6 年 7 月22日	第 6 版第 1 刷発行

編　者　中 央 労 働 災 害 防 止 協 会

発行者　平　山　　　剛

発行所　中 央 労 働 災 害 防 止 協 会

〒108-0023

東京都港区芝浦 3-17-12

吾妻ビル 9 階

電話　販売 03 (3452) 6401

編集 03 (3452) 6209

印刷・製本　壮 光 舎 印 刷 株 式 会 社